Everyday Lace 平日里的蕾丝编织

目录

U0193798

Brilliant Accessory 绚丽修身

1

适于夏日外出的钩针织物

色彩鲜亮的背心散发着休闲气质。
长针编织的格子花样设计新颖独特。

设计／柴田淳
用线／和麻纳卡　编织方法／33 页

1

看似交叉的帕特尔链条（Chain Patel）花样，光泽柔和的材料、晶莹剔透的质感给人带来清凉印象。

设计／大森沙田美
用线／和麻纳卡　　编织方法／40 页

2

这是一款由设计成Y形的花样编织的背心。
身着美丽的色彩,难掩内心的喜悦。

设计／大前成子
用线／和麻纳卡　　编织方法／36页

3

几何形花样简约恬淡，契合熟女气质。
有点缀效果的背心，清新自然。

设计／横山纯子
用线／和麻纳卡　　编织方法／46页

4

长针和锁针编织的外搭，花样简单素朴，
可与各种款式随意搭配，从春天到夏天都
很适用。

设计／风工房
用线／和麻纳卡　编织方法／50 页

5

撞色Z形花样也因土褐色系的搭配而显得冷艳、时尚。

设计／原田佐代子
用线／和麻纳卡　编织方法／52 页

6

由中心线分别向左右两侧编织的横编花样。
与段染线组合，奇妙的竖条纹跃然显现。

设计／原田佐代子
用线／和麻纳卡　　编织方法／43 页

7

基本花样如同含苞欲放的花蕾，下摆处的图
案好似怒放的鲜花。穿着舒适的 V 字领，洋
溢着灿烂的喜悦。

设计／原田佐代子
用线／和麻纳卡　编织方法／56 页

纵向排列的花瓣形花样搭配浓淡渐变的樱花色，
绝妙、美丽。横针编织身片是横向编织完成的。

设计／家乡辉子
用线／和麻纳卡　　编织方法／60 页

9

菠萝花样和方眼编织设计成的菱形，使
整件衣服看上去阳光、帅气。

设计／镰田惠美子
用线／和麻纳卡　　编织方法／64 页

10

两片大大的六角形花片，肩部和胁部连接后，如同盛
开的大朵鲜花，灿烂夺目。

设计／冈麻里子　　制作／近江香枝
用线／和麻纳卡　　编织方法／79 页

11

美丽的菱形蕾丝花样由爆米花针编织而
成。柔和的浓淡渐变色轻盈明快，洋溢
着春天的气息。

设计／家乡辉子
用线／和麻纳卡　编织方法／66 页

12

作品13和14都是用浓淡渐变的段染
线编织的。相同的设计，不同的颜色，
呈现出不一样的风格。

设计／亮　　制作／田中富子
用线／和麻纳卡　编织方法／69页

13

这是一款从衣领向下编织的圆育克盖袖衫。育克
部分的菠萝花样宛如饰边，轻盈可爱。

设计／亮　　制作／田中富子
用线／和麻纳卡　　编织方法／69 页

14

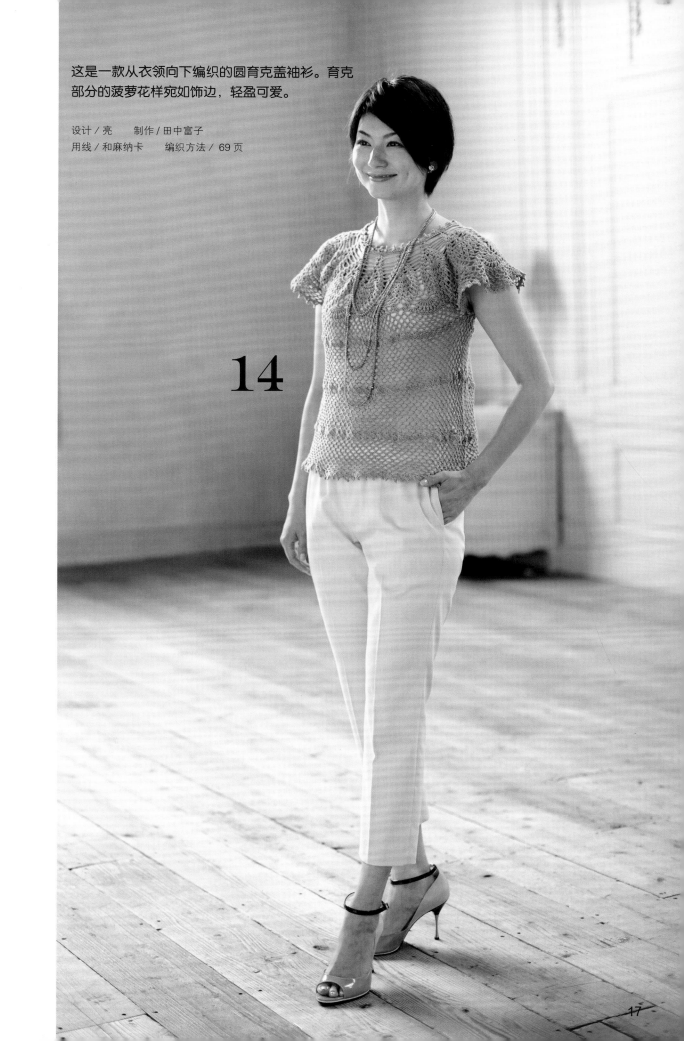

枣形针织入清爽的浓淡渐变自然色中，
就像是排列有序的鲜花，活泼可爱。

设计/河合真弓　　制作/关谷幸子
用线/和麻纳卡　　编织方法/72页

15

看上去好似有难度，其实仅需将前后织片编成
四边形即可。叶子般的花蕾花片极为夺目。

设计／柴田淳
用线／和麻纳卡　　编织方法/74 页

16

平日里的蕾丝编织

17

后背的花样自然、质朴。低调地
穿着，淡而无奇的平日也会变得
非同寻常。

设计／原田佐代子
用线／和麻纳卡　　编织方法／76 页

套头衫的设计令人耳目一新。3 针长针的小
点缀装饰网眼编织，恰到好处。

设计／柴田淳
用线／和麻纳卡　　编织方法 /84 页

18

领口起编的中长款上衣，花样逐渐
加宽，下摆宽松自然。

设计／原田佐代子
用线／和麻纳卡　　编织方法／86 页

19

下摆处的流苏摇摆轻盈，魅力诱人。
直接编织的衣领，可自然翻折。

设计／水原多佳子　　制作／大村 博美
用线／和麻纳卡　　编织方法／92 页

20

编织图简单易懂，衣袖是直接编织后
加边缘编织而成。纵横花样的转换时
尚、潇洒。

设计／原田佐代子　　制作／小林由美子
用线／和麻纳卡　　编织方法／89 页

21

绚丽修身

套头衫轻轻穿于身上，看起来也会华美闪烁。解开纽扣，也可当开衫穿。

设计 / 谷内悦子
用线 / 和麻纳卡   编织方法 / 94 页

22

作品 22 套头衫以单色线编织，并且去掉了纽扣。独特的味道适用于各种场合。

设计／谷内悦子
用线／和麻纳卡　编织方法／94 页

23

基础花样由网眼编织构成，织线穿入了玻璃串珠，自然亮丽。

设计／镰田惠美子　　制作／小林知子
用线／和麻纳卡　　编织方法／98 页

24

时尚、休闲皆适宜的无纽扣短上衣。逐渐增多的枣形
针编织的饰边，散发出优雅的气质。

设计／志田瞳　　制作／镜原由纪子
用线／和麻纳卡　　编织方法／100 页

25

作品 27 是材质轻盈的披肩，试着用桃色系线进行编织。做饰品之用，一样光彩照人。

设计／羽田野凉　制作／牧浦祥子
用线／和麻纳卡　编织方法／103 页

26

高雅别致的披肩，大大的饰边分
量感十足。

设计／羽田野凉　　制作／牧浦祥子
用线／和麻纳卡　　编织方法／103 页

27

企业理念

让更多的人体验手工

Hamanaka 精品手工编织线材,
感受"创造"带给我们的那份喜悦……
这种喜悦才是我们的"商品"。
让手工在生活中无处不在,让您在作品中丰富感情,
让喜悦充满您的生活。
Hamanaka 致力为您奉献出丰富心灵的商品。
并将在今后也通过手工线材,一如既往地向人们提
供这些"喜悦"。

长期稳定提供放心、安全的高品质商品

在宫崎·滋贺的生产基地,Hamanaka 以"生产放心、
安全的高品质商品"为第一准则,致力"长期、稳定"
地为大众提供优质产品。
我们在开发→生产→销售三位一体的直线型机制下
为各位稳定供应 Hamanaka 产品。

通过作品集与网络推广向大家提供丰富的设计创意

至今,许多手工作品经 Hamanaka 编入书籍不断出版。
在提供商品的同时,毫不怠慢手工作品的介绍。
此外,Hamanaka 积极利用网络向人们提供各季节下
最流行的时尚作品。
我们将尽心为大家持续提供更多创意,让手工爱好
者们通过创造获得更大的满足。

Hamanaka

和麻纳卡 (广州) 贸易有限公司
HAMANAKA(GUANGZHOU)CO.,LTD.
Website: www.hamanaka.com.cn
Tel.020-8365-2870 Fax.020-8365-2280

 Hamanaka分部 (宫崎县)
曾荣获日本优秀绿化通产大臣奖
荣获日本劳动就业推进内阁总理大臣奖

作品的编织方法

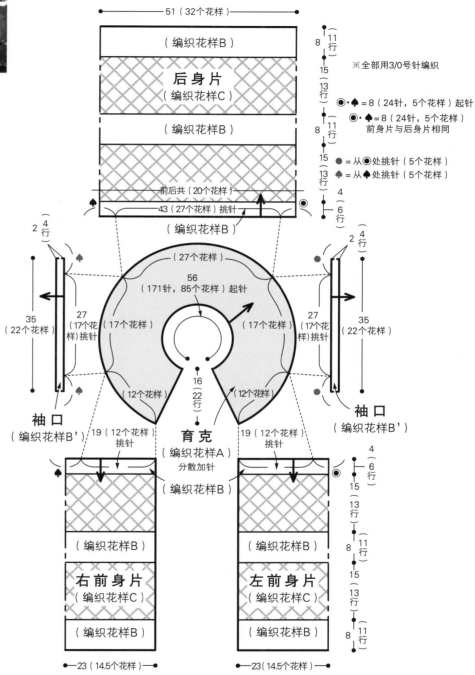

51（32个花样）

（编织花样B）

后身片
（编织花样C）

（编织花样B）

※全部用3/0号针编织

◎·♠ = 8（24针，5个花样）起针

◎·♠ = 8（24针，5个花样）
前身片与后身片相同

◎ = 从◎处挑针（5个花样）

♠ = 从♠处挑针（5个花样）

8 — 11行
15 — 13行
8 — 11行
15 — 13行
4 — 6行

前后共（20个花样）

（编织花样B）

43（27个花样）挑针

2 — 4行

♠

35（22个花样）
27（17个花样）挑针

袖口
（编织花样B'）

（27个花样）

56
（171针，85个花样）起针

27（17个花样）
（17个花样）
（17个花样）
（17个花样）挑针

2 — 4行

35（22个花样）

袖口
（编织花样B'）

（12个花样）
16（22行）
（12个花样）

育克
（编织花样A）
分散加针
（编织花样B）

19（12个花样）挑针

19（12个花样）挑针

4 — 6行

♠

（编织花样B）

右前身片
（编织花样C）

（编织花样B）

（编织花样B）

左前身片
（编织花样C）

（编织花样B）

8 — 11行
15 — 13行
15 — 13行
8 — 11行

23（14.5个花样）

23（14.5个花样）

* **材料和工具** 和麻纳卡线 芥末黄色300g/12团；长径55mm×短径11mm的纽扣（大）1颗，直径15mm的纽扣（小）1颗；钩针3/0号

* **完成尺寸** 胸围103cm，身长75.5cm，连肩袖长27.5cm

* **编织密度** 编织花样A：1个花样（育克线）22行，约1.6cm×16cm；编织花样B：1个花样11行，约1.6cm×8cm；编织花样C：1个花样13行，约5cm×15cm

* **编织要点** **编织花样** 编织花样B与C的界线端照符号图编织。**育克** 根据领围大小起针，前后分散加针做连续编织。编织终点需在袖口与身片的区分处做织线标记。**身片** 从育克处挑针开始编织，腋下锁针起针，前后连续编织。在其下1行从腋下整段挑起起针进行编织。重复编织花样B和C。**袖口** 从育克和腋下挑针进行编织。腋下的挑针将钩针插入4针身片的长针中，整段挑起锁针，编织短针。环形编织4行。**组合** 从身片的前端挑针开始编织前门襟。编织花样B是从长针挑1个花样，编织花样C是从长针挑1个花样、从三圈长针处挑2个花样。领窝处3行短针，从起针处挑针时是将1针锁针挑成束，织入2针短针。左右前门襟领窝侧加饰纽扣环，分别将纽扣缝于正反面。

编织花样 A（育克）

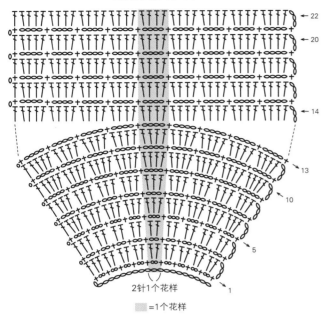

2针1个花样

▨ =1个花样

编织花样 B（前门襟）

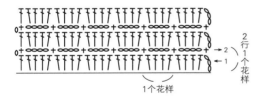

2行1个花样

1个花样

编织花样 B'（袖口）

1个花样

腋下

编织花样 B、C（身片）

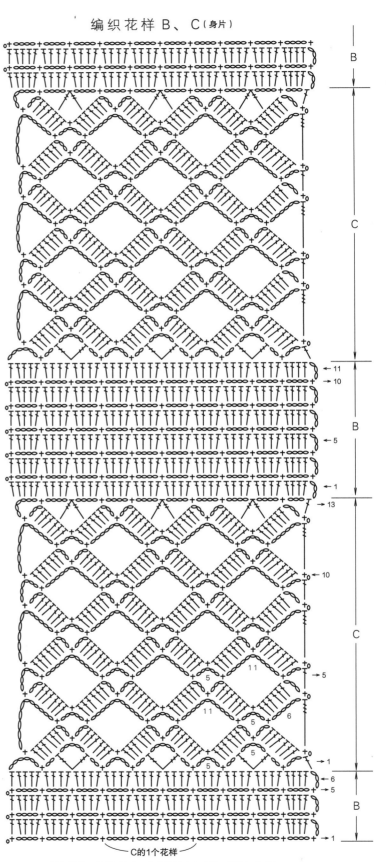

C的1个花样

※最初的编织花样B的腋下变成锁针（参照腋下的编织方法）

34

腋下的编织方法

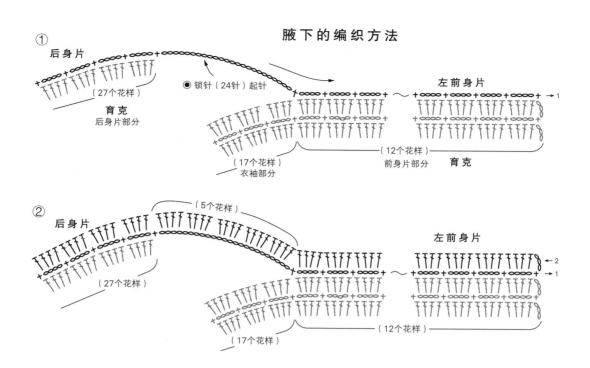

① 后身片
育克
后身片部分
（27个花样）
● 锁针（24针）起针
左前身片
育克
前身片部分
（12个花样）
（17个花样）
衣袖部分
→1

② 后身片
（5个花样）
左前身片
（27个花样）
（12个花样）
（17个花样）
→2
→1

袖口的腋下部分挑针方法

后身片
向育克的袖口部分连续编织
● 从腋下挑针
（5个花样）
前身片
育克的袖口部分
（17个花样）
1

短针

+ + + + + + + + + + ←3
o+ + + + + + + + + + + o ←2
+ + + + + + + + + + + o ←1

前门襟的挑针方法

10个花样
←1

领窝（短针）

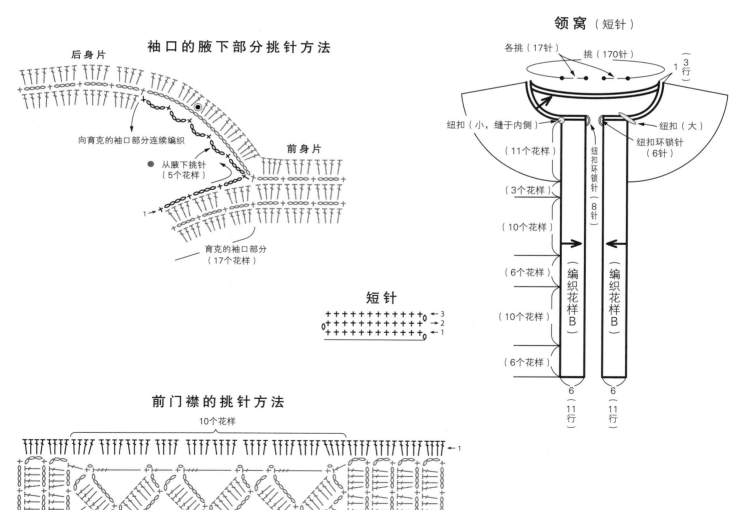

各挑（17针）   挑（170针）   1（3行）

纽扣（小，缝于内侧）   纽扣（大）
纽扣环锁针（6针）
（11个花样）   纽扣环锁针（8针）
（3个花样）
（10个花样）
（6个花样）   编织花样B   编织花样B
（10个花样）
（6个花样）
6（11行）   6（11行）

★**材料和工具** 和麻纳卡线 橙色×金色 170g/7团；3cm×30cm的尺子（可用厚纸代替）；钩针4/0号

★**完成尺寸** 胸围92cm，身长57cm，连肩袖长35cm

★**编织密度** 编织花样A：8.5个花样4行，约10cm×5cm；编织花样C：边长10cm的方形内8.5个花样11行

★**编织要点** 编织花样A 尺子按照42页要领制作、使用。第2行按照帕特尔链条的编织要点在短针上挑针，针目长度约

3cm。第3行将挑起的针织3针短针并1针。

身片 按照○中所示数字的顺序编织。挑半针锁针的起针，编织花样A。②也是起针后开始编织，用引拔针与第1枚相连。③从①和②处连续挑针，④、⑤也是分别从①、②处挑针编织。以相同要领再编织1枚。

组合 肩部和胁部边分割针目边做交叉拼接。衣领的边缘编织A在4处减针，做环形编织。

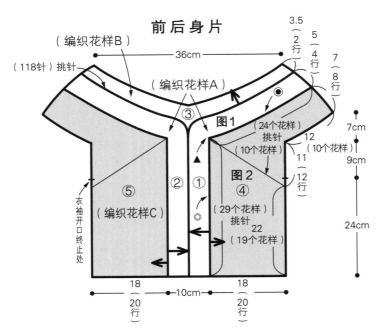

前后身片

（编织花样B）
（118针）挑针
36cm
（编织花样A）
③
图1
3.5（2行）
5（4行）
7（8行）
（24个花样）挑针
（10个花样）
7cm
12（10个花样）
11（12行）
图2
⑤（编织花样C）
②
①
④（29个花样）挑针
22（19个花样）
9cm
24cm
衣袖开口终止处
◎
18（20行）
10cm
18（20行）

◉ = 29（72针，24个花样）起针
▲ = 角处的（1针）起针
◎ = 34（87针，29个花样）起针

※全部用4/0号针编织
※编织花样A共起160针
※按照○中数字所示顺序编织

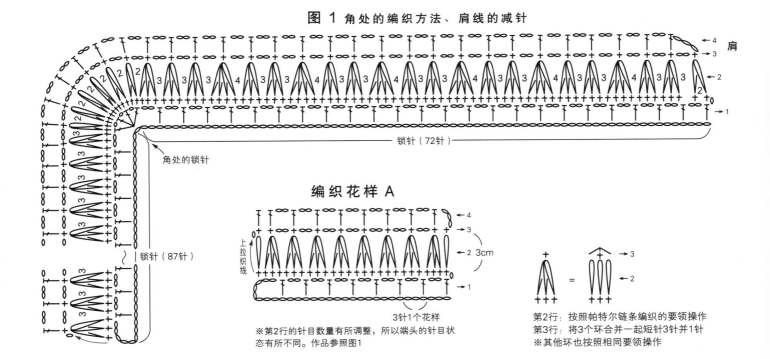

图1 角处的编织方法、肩线的减针

肩
←4
←3
←2
←1
0
锁针（72针）
角处的锁针
锁针（87针）

编织花样A

←4
→3
→2 3cm
→1
上拉织线
3针1个花样

※第2行的针目数量有所调整，所以端头的针目状态有所不同。作品参照图1

+
=
→3
←2

第2行：按照帕特尔链条编织的要领操作
第3行：将3个环合并一起短针3针并1针
※其他环也按照相同要领操作

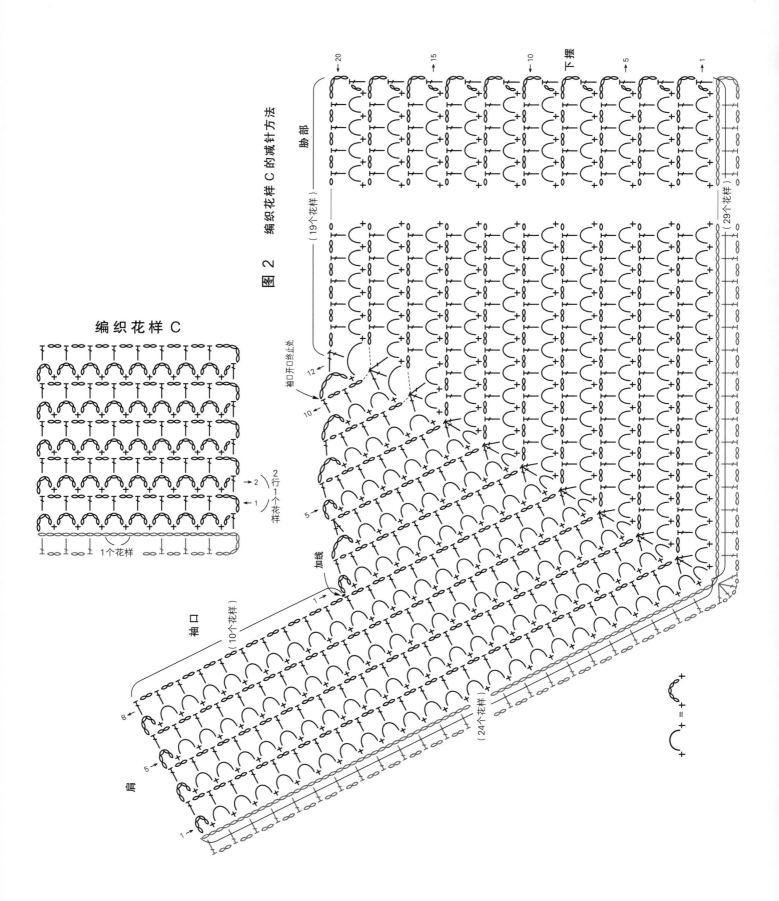

编织花样 C

图 2　编织花样 C 的减针方法

胁部

袖口开口终止处

加线

袖口

肩

下摆

（19个花样）

（29个花样）

（10个花样）

（24个花样）

20

15

10

5

1

12

10

5

2行1个花样

1个花样

8

5

1

+ = +

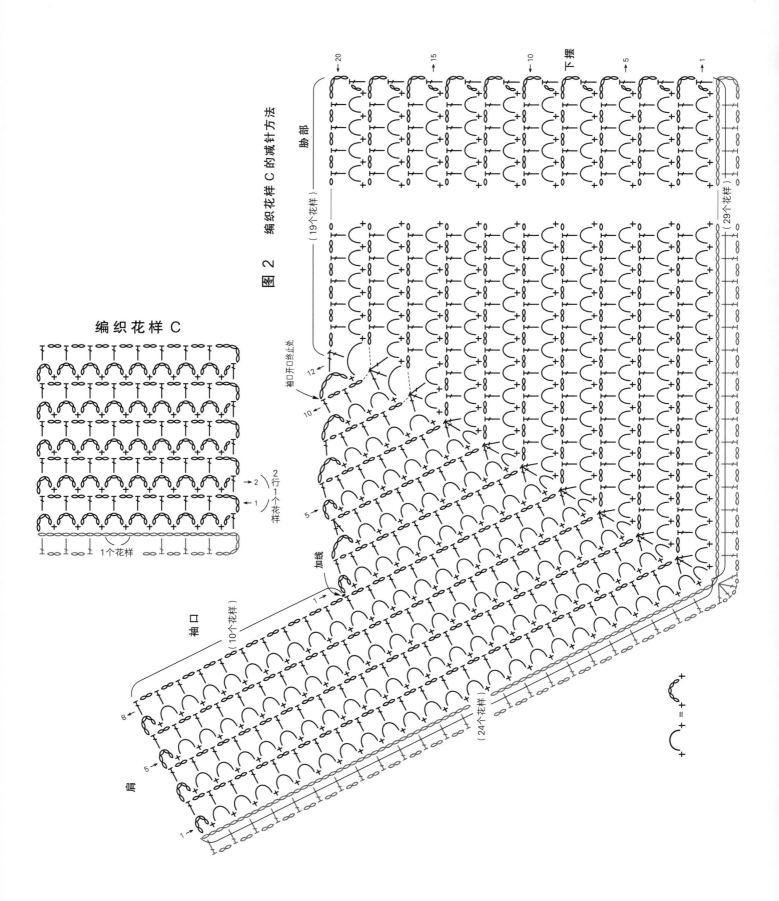

编织花样 A 的连接方法

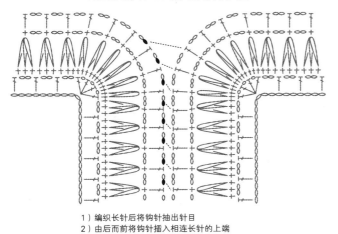

1）编织长针后将钩针抽出针目
2）由后而前将钩针插入相连长针的上端
3）将抽出钩针的针目挂在钩针上，编织引拔针
4）编织锁针1针、长针1针

衣 领

3（5）行

全部共（52山）挑针

（边缘编织A）

（13山）挑针

（5山）挑针

袖 口
（边缘编织B）

1.5（2）行

下 摆
（边缘编织B）

1.5（2）行

（25山）挑针

边缘编织 A （衣领）

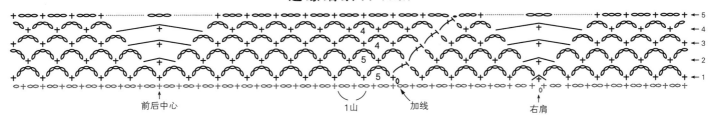

前后中心　　　　1山　　　加线　　　右肩

编织花样 B-2

前后中心

※从编织花样 B-1 处继续编织

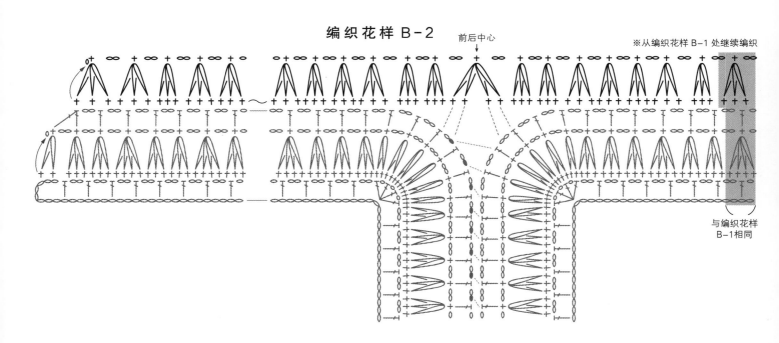

与编织花样
B-1相同

边缘编织 B 的挑针方法（下摆）

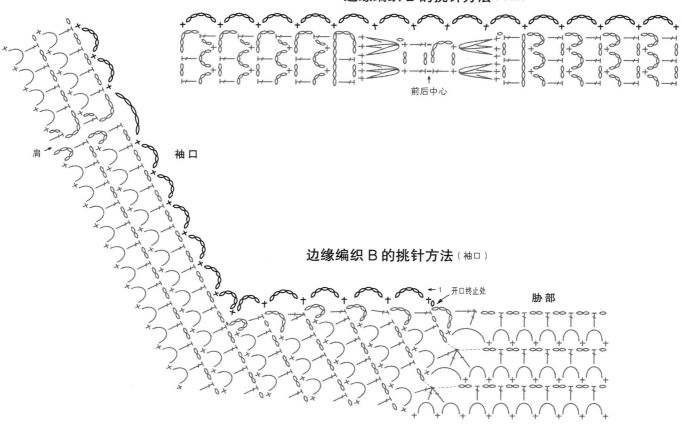

前后中心

边缘编织 B 的挑针方法（袖口）

肩 ← 袖口

开口终止处 胁部

编织花样 B-1

※继续编织至编织花样 B-2

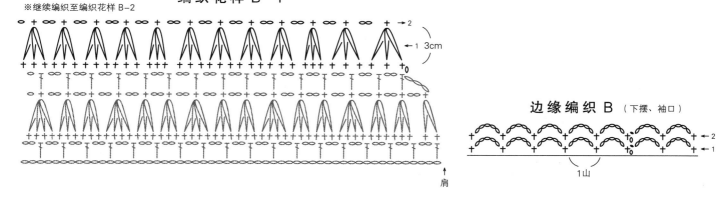

← 2
← 1 3cm
↑ 肩

边缘编织 B（下摆、袖口）

← 2
← 1
1山

帕特尔链条编织

1）立织 1 针锁针，针上挂线。

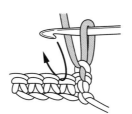

2）上拉织线至指定的尺寸。
钩针插入下一针目

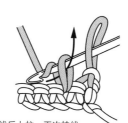

3）挂线后上拉、再次挂线

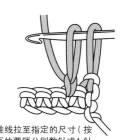

4）将挂线拉至指定的尺寸（按照 42 页的要领分别数针或 1 针进行编织，针目高低均一致）

＊材料和工具　和麻纳卡线　银灰色　230g/10团；钩针 5/0 号；宽 4cm×30cm 的尺子（可用厚纸代替）

＊完成尺寸　胸围 100cm，身长 56.5cm，连肩袖长 35cm

＊编织密度　10cm×10cm 面积内　织 4个花样，11 行

＊编织要点　编织花样　从胁部和袖口的两端短针处编织的针目数量有所变化。使用尺子，定好帕特尔链条编织的长度，在下 1 行的短针中分别将 6 个环合并编织。**身片**

从锁针半针和里山挑针开始编织。袖下的右侧新编织锁针，左侧继续短针编织锁针。前领窝参照分解图的编织。**组合**　正面朝内对齐前后肩部，进行锁针的短针拼缝。袖下与肩部相同。胁部做锁针的短针钉缝。领窝和袖口的边缘编织参照图示编织。下摆处分别从 1 个花样织 2 山，注意织入短针下端的位置。

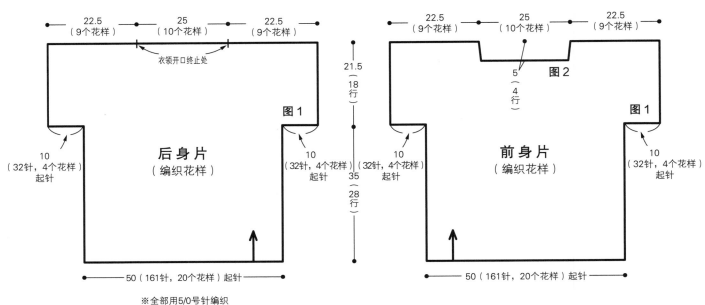

后身片（编织花样）

前身片（编织花样）

图 1　图 2

※全部用5/0号针编织

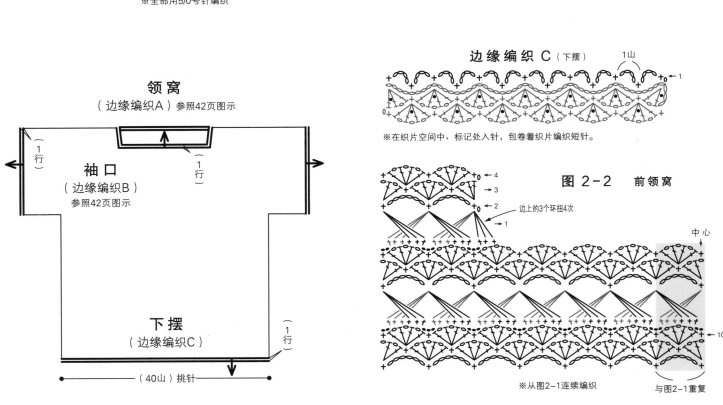

领窝
（边缘编织A）参照42页图示

袖口
（边缘编织B）
参照42页图示

下摆
（边缘编织C）

（40山）挑针

边缘编织 C（下摆）

※在织片空间中，标记处入针，包卷着织片编织短针。

图 2-2　前领窝

边上的3个环扭4次

中心

与图2-1重复

※从图2-1连续编织

编织花样

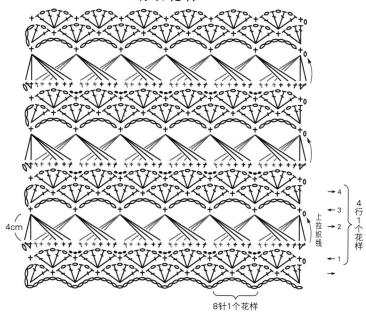

→ 4
← 3
→ 2
← 1
→

4行1个花样

上拉织线

4cm

8针1个花样

※分解图中省略"上拉织线"的标注

帕特尔链条编织的收针方法

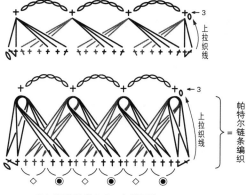

← 3
上拉织线

← 3
上拉织线
= 帕特尔链条编织

※在第3行将◉和◇一起做短针
※两边的2个环扭4次
※袖口处的边也有3个环
※此处略去3针的引拔针标记

1）上拉织线。
2）在右边，扭了4次的2个环和穿过相邻◉环中的◇的3个环做短针编织，注意右侧的2个环在上。
3）然后，◉的环和穿过◉环中的◇的环一起做短针，注意◉的环在上。
4）在左边，◉的3个环在上，和扭了4次的左侧的2个环一起织短针。

帕特尔链条的编织方法参见 39 页

边端线圈的扭法

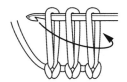

※如图所示转动钩针，将边端处指定的数个环（胁部2针、袖口3针）扭4次

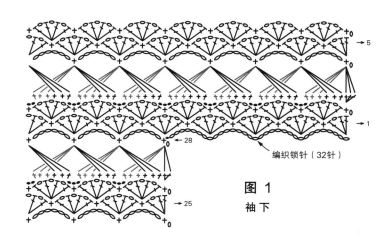

→ 5
→ 1
编织锁针（32针）
→ 28
→ 25

图 1
袖下

图 2-1　前领窝

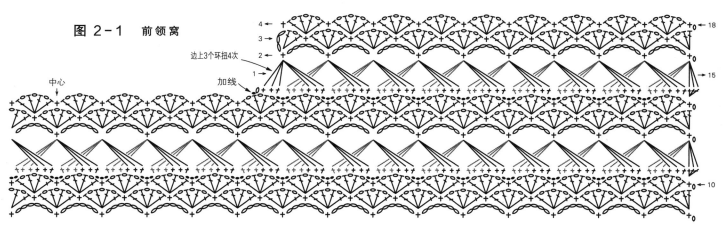

4 ←
3 →
2 ←
1 →

→ 18
→ 15
→ 10

边上3个环扭4次
加线
中心

※连续编织至图2-2

肩部的拼缝方法和饰边 A、B

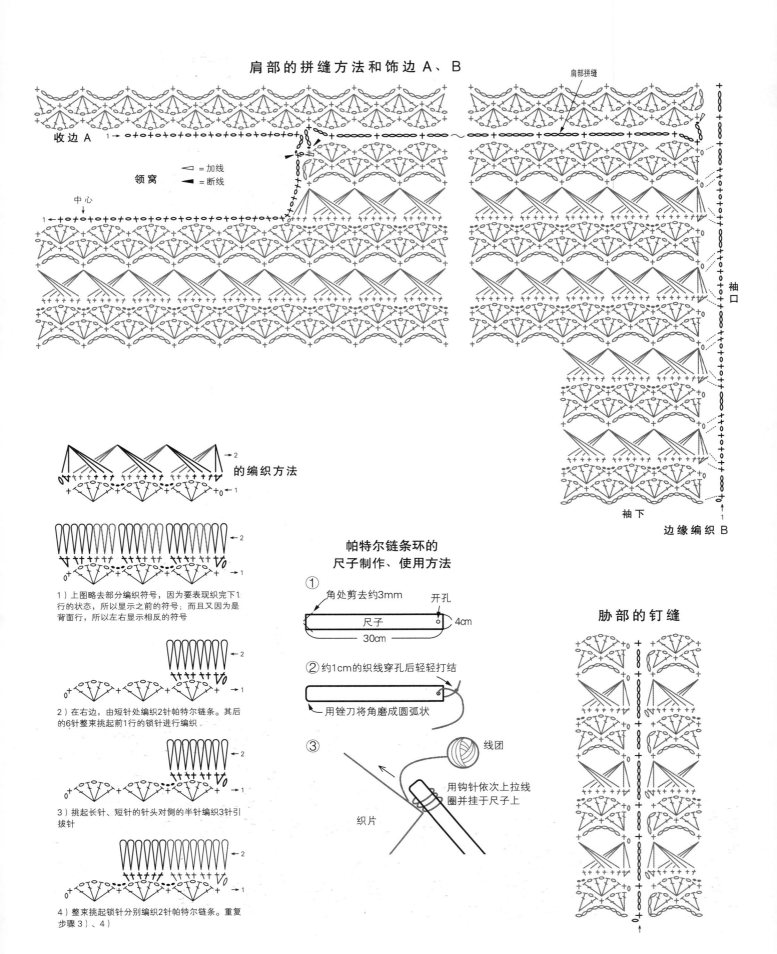

收边 A

领窝

△ =加线
▲ =断线

中心

肩部拼缝

袖口

袖下

边缘编织 B

的编织方法

1）上图略去部分编织符号，因为要表现织完下1行的状态，所以显示之前的符号；而且又因为是背面行，所以左右显示相反的符号

2）在右边，由短针处编织2针帕特尔链条。其后的6针整束挑起前1行的锁针进行编织

3）挑起长针、短针的针头对侧的半针编织3针引拔针

4）整束挑起锁针分别编织2针帕特尔链条。重复步骤3）、4）

帕特尔链条环的 尺子制作、使用方法

① 角处剪去约3mm   开孔

尺子   4cm
30cm

② 约1cm的织线穿孔后轻轻打结

用锉刀将角磨成圆弧状

③

线团

用钩针依次上拉线圈并挂于尺子上

织片

胁部的钉缝

＊**材料和工具** 和麻纳卡线 桃色系渐变色线 230g/8 团；钩针 5/0 号

＊**完成尺寸** 胸围 92cm，肩背宽 36cm，身长 57.5cm

＊**编织密度** 10cm×10cm 面积内 编织花样 22 针，12 行

＊**编织要点 编织花样** 注意轻柔拉线，以避免织片过硬。**身片** 前后均做横向编织。在中心处起针，挑起锁针的里山编织 1 行。因为此行是中心行，所以图中领窝处上下行数不同。身片的加减针参照分解图。另一侧

在下摆处加线，面对织片的背面挑针编织。前身片的领窝处继续第 15 行编织 7 针锁针，连续编织到第 16 行的引拔针。另一侧新加锁针。**组合** 肩部做锁针的引拔针钉缝，胁下做锁针的引拔针拼缝。下摆处的边缘编织挑针做环形编织，平均 2 行 1 个花样。

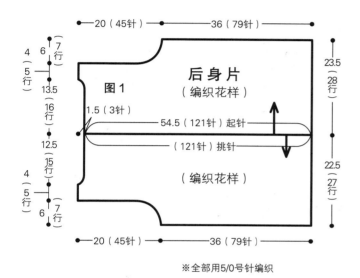

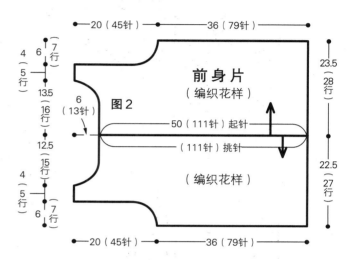

※全部用5/0号针编织

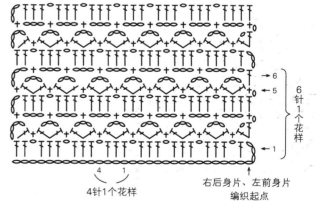

编织花样

短针（领窝、袖窿）

图 1
袖窿

领窝

中心

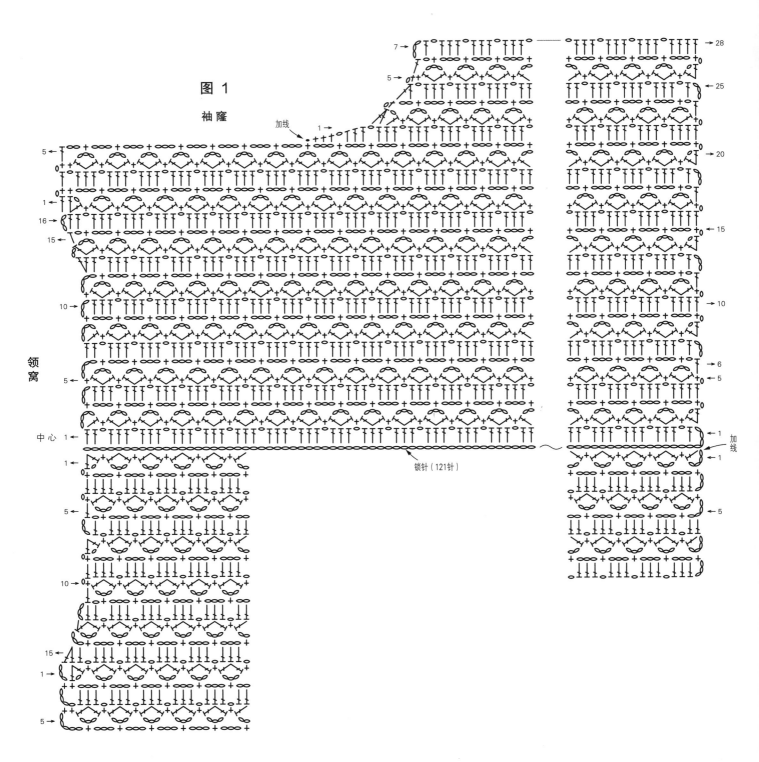

锁针 (121针)

加线

边缘编织（下摆）

1个花样

加线

胁部

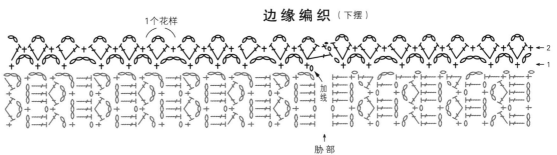

44

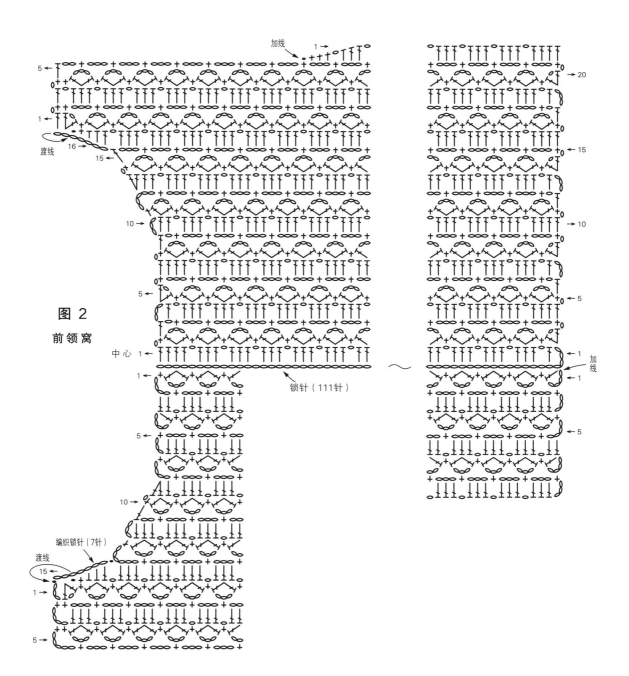

图 2
前领窝

加线
渡线
16 15
中心 1
渡线 15
编织锁针（7针）
锁针（111针）
加线
20
15
10
5
1
1
10
5
10
5
1

反面行长针 5 针的爆米花针 ※作品 12 不编织步骤 4）的锁针，而是织短针

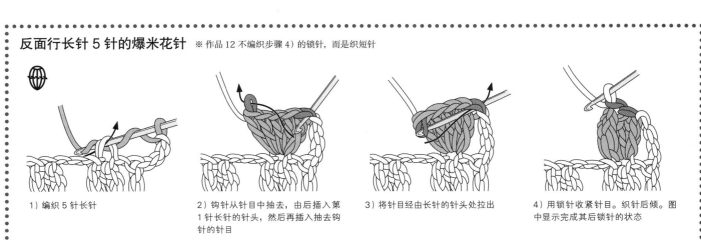

1）编织 5 针长针

2）钩针从针目中抽去，由后插入第 1 针长针的针头，然后再插入抽去钩针的针目

3）将针目经由长针的针头处拉出

4）用锁针收紧针目。织针后倾。图中显示完成其后锁针的状态

45

＊材料和工具　和麻纳卡线 焦灰色 120g/5
团；钩针 3/0 号

＊完成尺寸　胸围 100cm，身长 57.5cm，
袖长 25cm

＊编织密度　花片 A：短径 10cm× 长径
12cm 的六边形

＊编织要点　花片 A~C 均是环形起针开始
编织。4 针锁针引拔的狗牙针依照右下图的
要领插入钩针将线拉出做引拔编织。B 虽
是往返编织，但编织第 4 行时织片的正面
置于面前。花片 C 的第 4 行的编织终点处，

立织的锁针之上不做引拔，编织 5 卷长针
后断线。第 3 行的编织终点即是袖口开口
终点。身片 用 5 卷长针继续引拔针的方法
将之前织好的花片连接一起。但是，从下 1
列起将钩针插入引拔针中将花片连接一起。
组合 用蒸汽熨斗轻轻熨烫，平整织片、藏
线头。

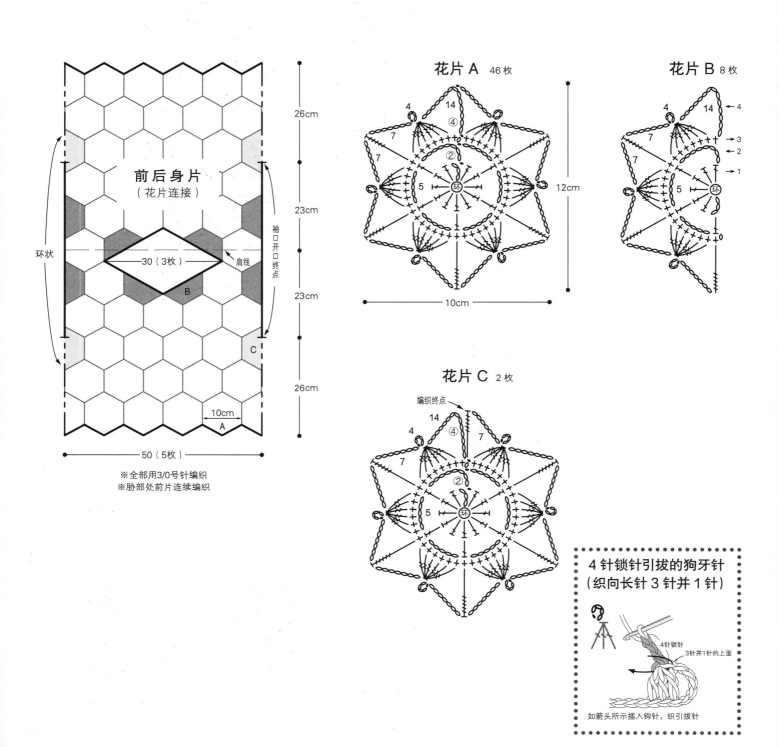

前后身片
（花片连接）

环状

30（3枚）　肩线

B

C

A

袖口开口终点

26cm

23cm

23cm

26cm

10cm

50（5枚）

※全部用3/0号针编织
※胁部处前片连续编织

花片 A　46枚

10cm

12cm

花片 B　8枚

花片 C　2枚

编织终点

4 针锁针引拔的狗牙针
（织向长针 3 针并 1 针）

4针锁针

3针并1针的上面

如箭头所示插入钩针，织引拔针

花片 A、C 的连接方法

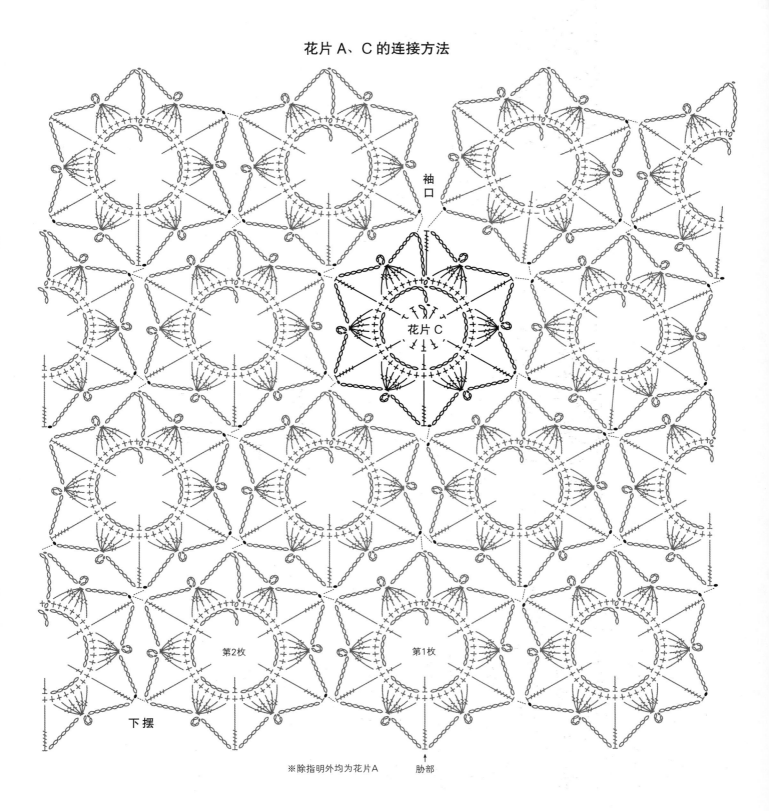

袖口

花片 C

第2枚

第1枚

下摆

※除指明外均为花片A

胁部

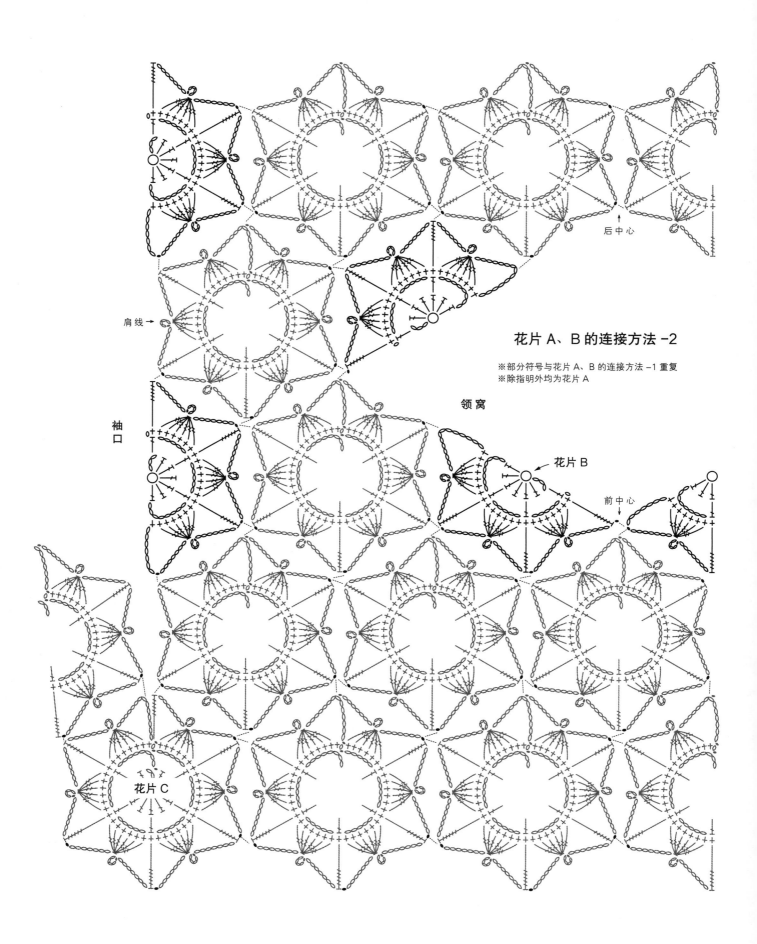

花片 A、B 的连接方法 -2

※部分符号与花片 A、B 的连接方法 -1 重复
※除指明外均为花片 A

后中心

肩线→

袖口

领窝

花片 B

前中心

花片 C

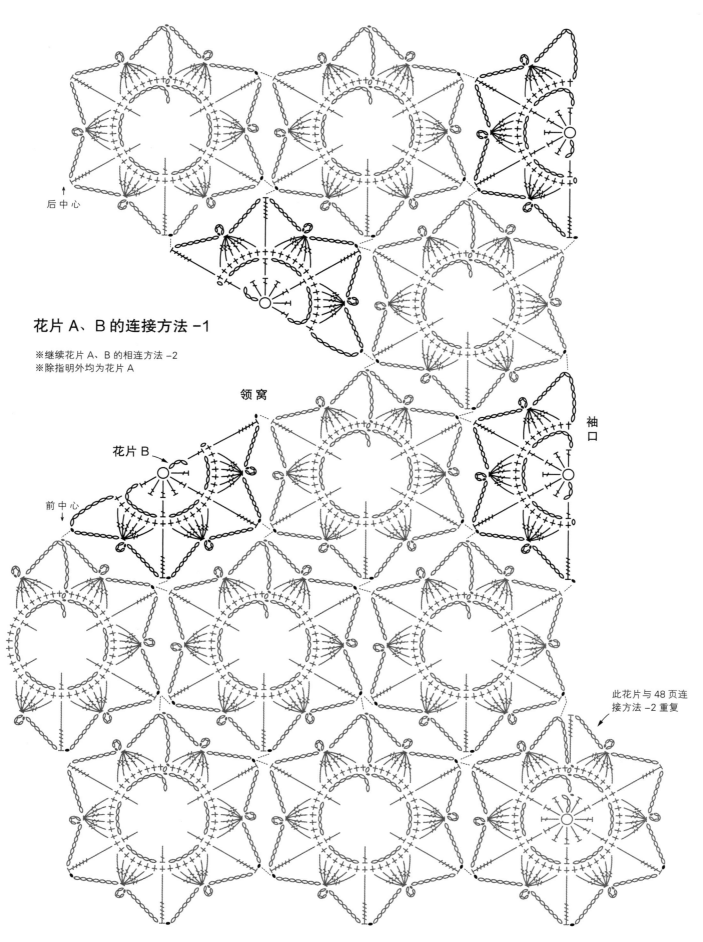

后中心

花片 A、B 的连接方法 -1

※继续花片 A、B 的相连方法 –2
※除指明外均为花片 A

领窝

花片 B

前中心

袖口

此花片与 48 页连
接方法 –2 重复

＊**材料和工具** 和麻纳卡线 驼色 190g/8 团；直径 18mm 的纽扣 1 颗；钩针 3/0 号

＊**完成尺寸** 胸围 92cm，肩背宽 38cm，身长 52cm，连肩袖长 25cm

＊**编织密度** 10cm×10cm 面积内 编织花样 28 针，11 行

＊**编织要点** **编织花样** 整段挑起前 1 行的锁针编织第 2 行的短针。**身片** 挑起半针锁针和里山开始编织。在边缘编织时，前片片的前端的 1 针要整段挑起。各处减针参见分解图，前领窝的第 1 行处做织线标记。

衣袖 以和身片相同的要领开始编织，参照图 3。**组合** 肩部做 3 针锁针的锁针引拔针拼缝，胁部、袖下处做 3 针锁针的锁针引拔针钉缝。身片的边缘周边编织 1 行短针，完整织片。袖口处也要织 1 行短针加以完善。身片和衣袖正面朝内，边调整锁针的针数边做锁针引拔针钉缝。蒸汽熨斗轻轻烫压平整。

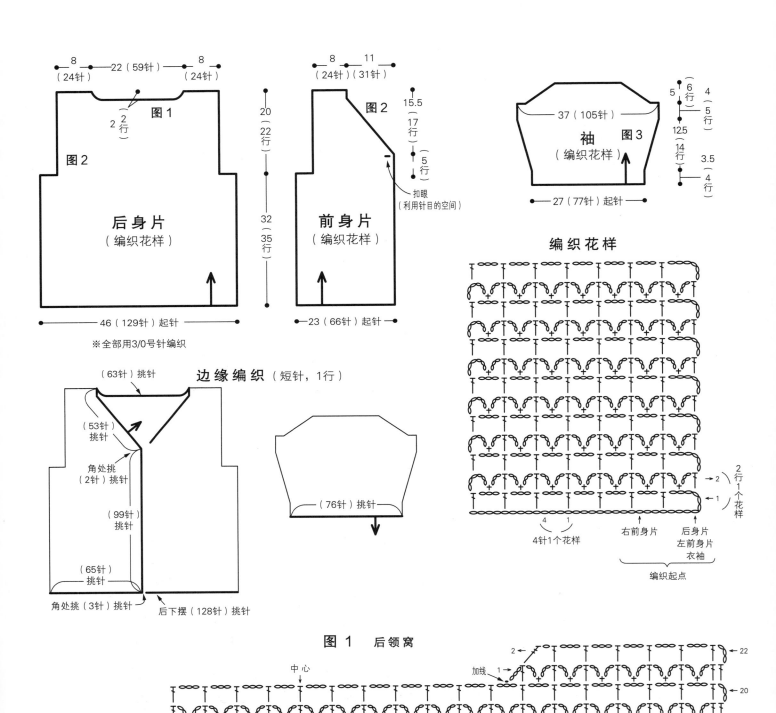

※全部用 3/0 号针编织

边缘编织（短针，1 行）

编织花样

图 1 后领窝

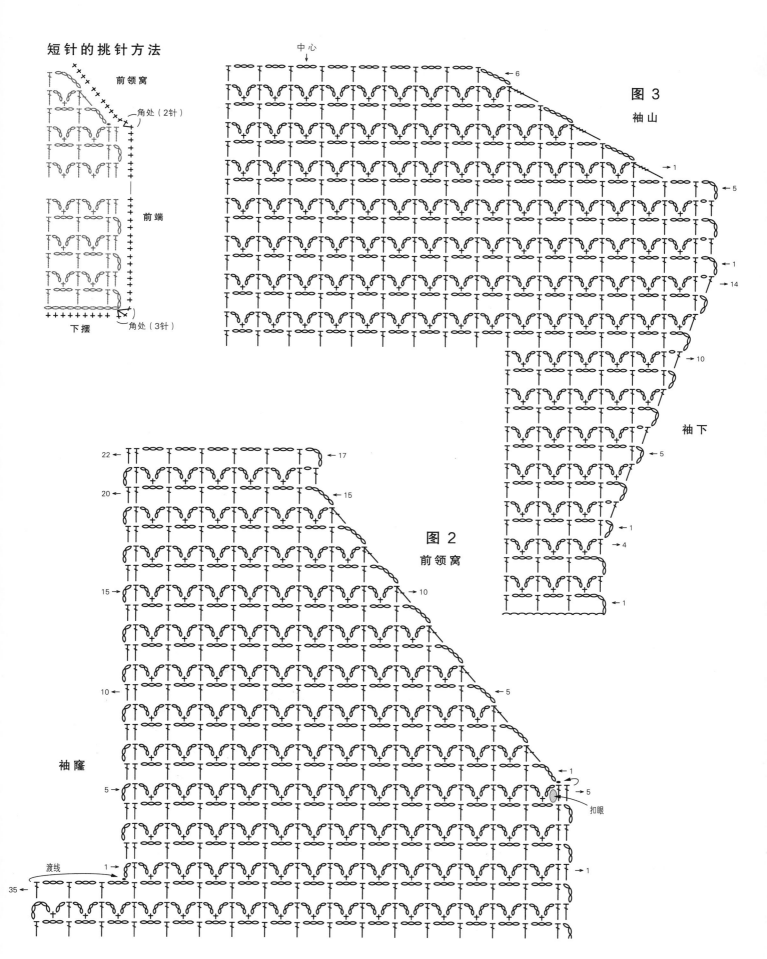

短针的挑针方法

前领窝

角处（2针）

前端

下摆

角处（3针）

中心

图 3
袖山

袖下

←6
→1
←5
→1
→14
→10
←5
→1
→4
←1

图 2
前领窝

袖窿

22← ←17
20← ←15
15← →10
10← ←5
5← →1
→5
扣眼

渡线 1← →1
35←

*材料和工具　和麻纳卡线　亮灰色 90g/4 团，灰色 75g/3 团，焦茶色 75g/3 团；钩针 3/0 号

*完成尺寸　胸围 96cm，身长 54cm，连肩袖长 26cm

*编织要点　编织花样　每 2 行变换第 3 种颜色。锁针处的挑针基本是整段挑起锁针，注意织入长针的位置。身片　挑起半针锁针和里山，但枣形针是在虚线的端头处挑针。肩线处找齐织片的凹缺之处。组合　肩部处前后片正面相对对齐，按照拼接部分的颜色变换织线缝合。胁部处用灰色线钉缝，并注意统一条纹。做袖口的边缘编织时，第 1 行有 6 处挑 2 针，其他是分别挑 3 针，做环形编织。

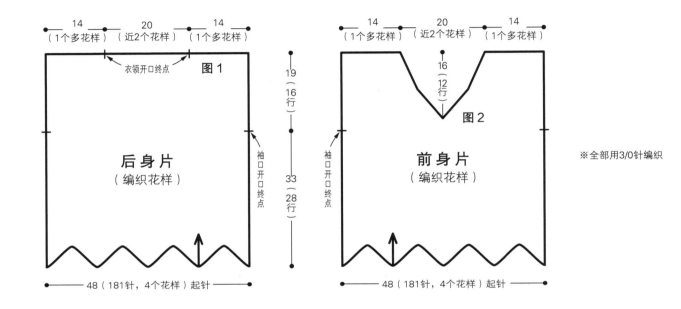

图 1

14（1个多花样）　20（近2个花样）　14（1个多花样）

衣领开口终点

后身片（编织花样）

袖口开口终点

48（181针，4个花样）起针

19（16行）

33（28行）

图 2

14（1个多花样）　20（近2个花样）　14（1个多花样）

16（12行）

前身片（编织花样）

袖口开口终点

48（181针，4个花样）起针

※全部用3/0针编织

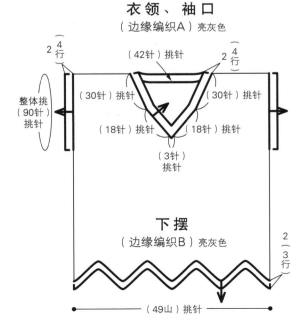

衣领、袖口
（边缘编织A）亮灰色

2（4行）　2（4行）

（42针）挑针

整体挑（90针）挑针

（30针）挑针　（30针）挑针

（18针）挑针　（18针）挑针

（3针）挑针

下摆
（边缘编织B）亮灰色

2（3行）

（49山）挑针

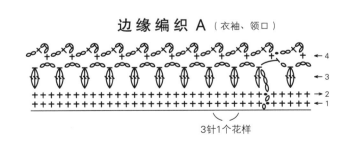

边缘编织 A（衣袖、领口）

←4
→3
→2
→1

3针1个花样

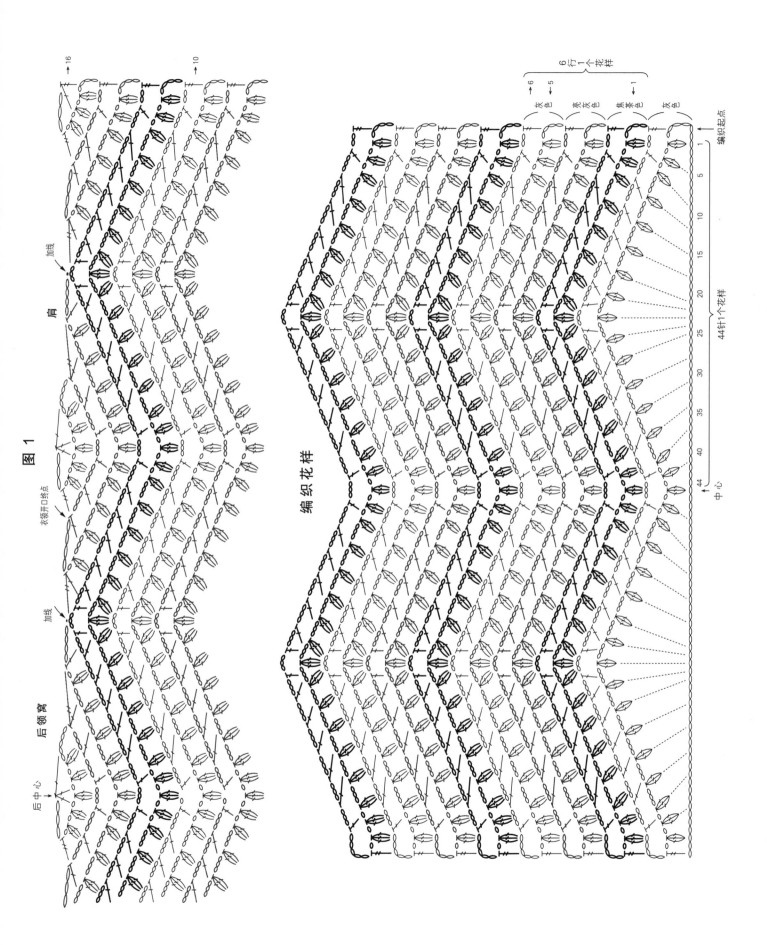

图 1

53

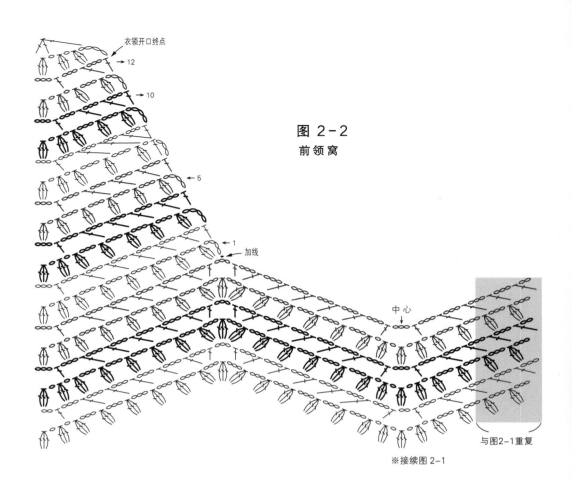

图 2-2
前领窝

衣领开口终点
→ 12
→ 10
→ 5
→ 1 加线

中心

与图2-1重复

※接续图2-1

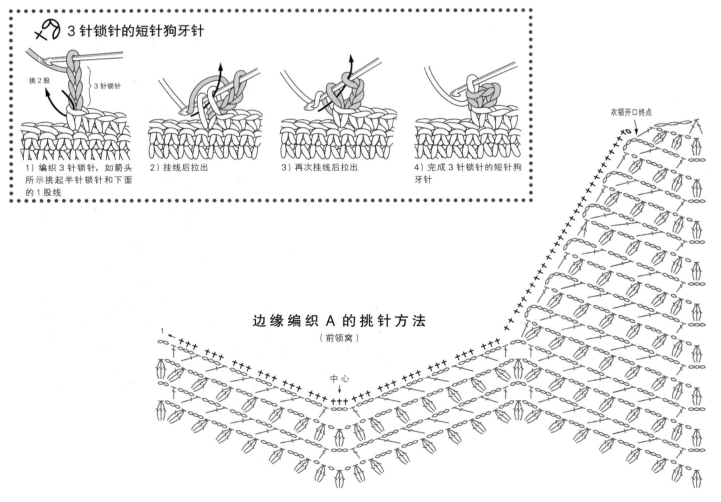

×⊕ 3 针锁针的短针狗牙针

挑2股　3针锁针

1）编织3针锁针，如箭头所示挑起半针锁针和下面的1股线

2）挂线后拉出

3）再次挂线后拉出

4）完成3针锁针的短针狗牙针

边缘编织 A 的挑针方法
（前领窝）

衣领开口终点

1

中心

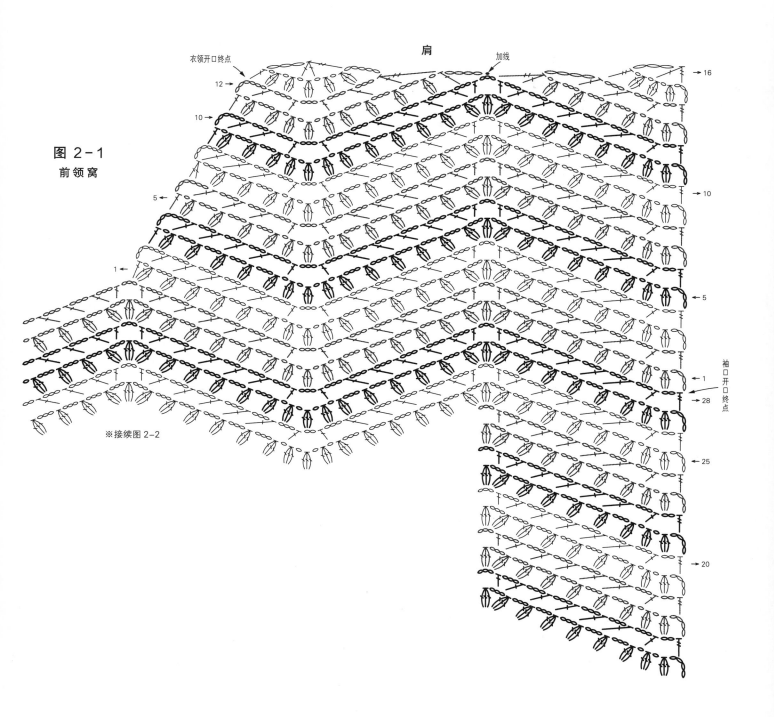

肩

图 2-1
前领窝

衣领开口终点

加线

袖口开口终点

※接续图2-2

边 缘 编 织 B 〔下摆〕

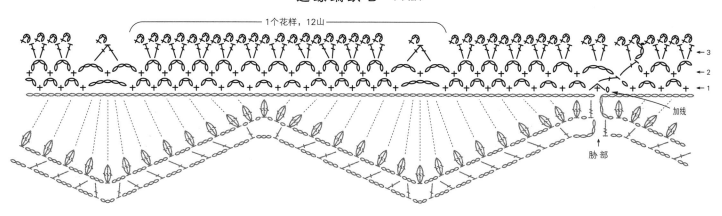

1个花样，12山

加线

胁部

＊**材料和工具** 和麻纳卡线 墨蓝色段染线 160g/7 团；钩针 4/0 号

＊**完成尺寸** 胸围 96cm，肩背宽 38cm，身长 55cm

＊**编织密度** 花片／边长 9.5cm 的方形。10cm×10cm 面积内 编织花样 32 针，10 行

＊**编织要点** 花片 第 1、2 行织长长针，第 4、5 行织长针。身片 从第 2 枚开始用短针和已完成的花片连接一起，10 枚花片连成环形。短针、花样分前后编织。每 1 枚花

片约挑 31 针编织 2 行短针，接续编织花样。各处减针参照分解图。**组合** 肩部前后织片正面朝内对齐后交叉拼缝，胁部交叉钉缝。领窝在左肩加线，直线部分和斜线部分变换挑针的比例。V 字领口处如图所示，减针织成环状。下摆、袖隆也要环形编织收边。

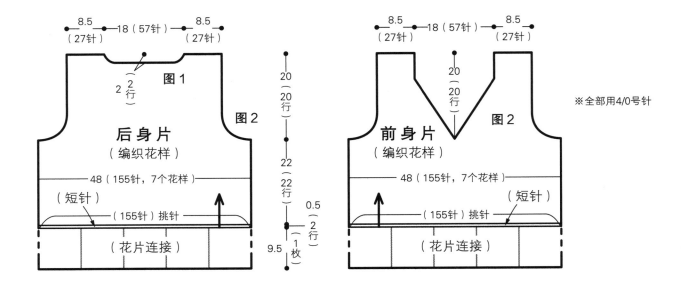

後身片（编织花样）

前身片（编织花样）

※全部用4/0号针

编织花样

2行1个花样

短针的挑针方法

花片的连接方法

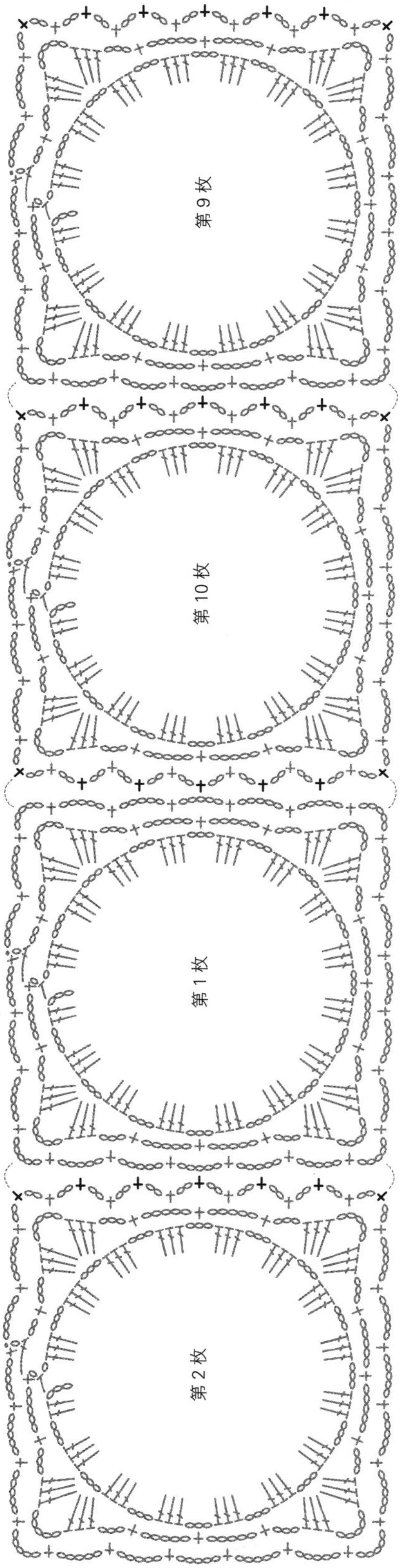

花片 10 枚

5

7

环

A

⑥
⑤
④
②

9.5cm

第 9 枚

第 10 枚

第 1 枚

第 2 枚

边缘编织 C（袖窿）

4
3
2
1

4针1个花样

边缘编织 B 的挑针方法
（前领窝）

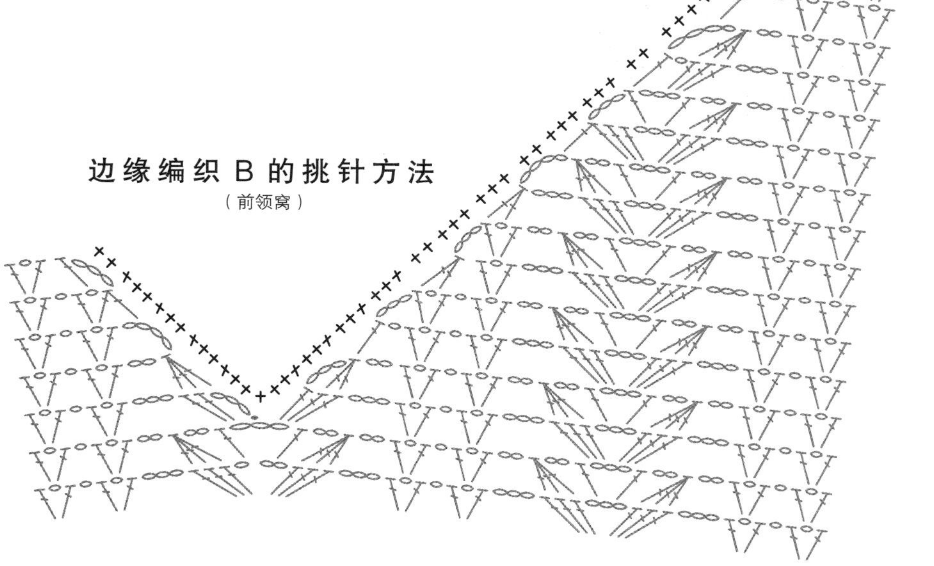

1

边缘编织 A（下摆）

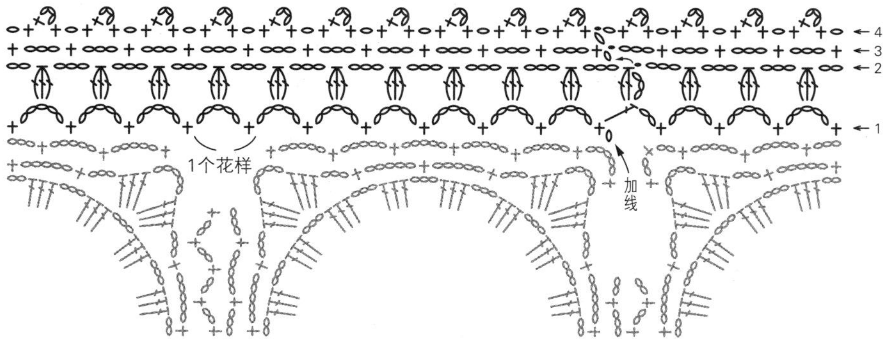

4
3
2
1

1个花样

加线

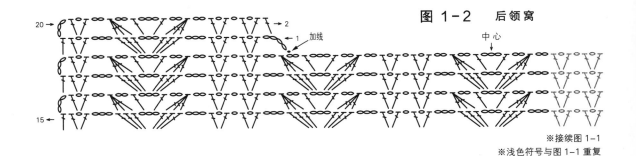

图 1-2　后领窝

※接续图 1-1
※浅色符号与图 1-1 重复

边缘编织 B（领窝）

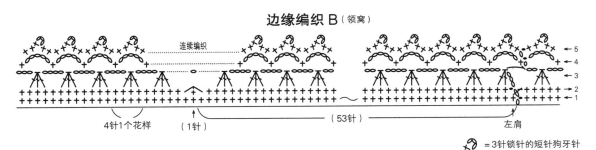

4针1个花样　（1针）　（53针）　左肩

= 3针锁针的短针狗牙针

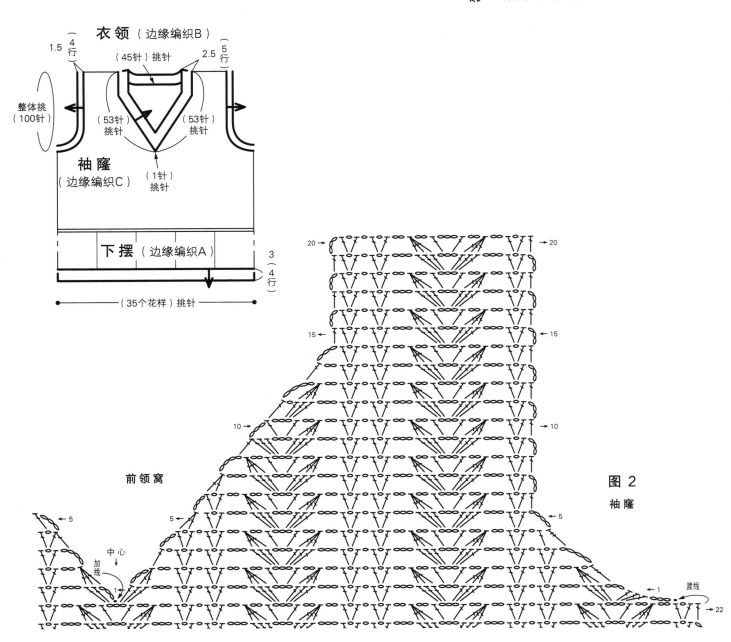

衣领（边缘编织B）

1.5（4行）　（45针）挑针　2.5（5行）

整体挑（100针）

（53针）挑针　（53针）挑针

袖窿（边缘编织C）　（1针）挑针

下摆（边缘编织A）

3（4行）

（35个花样）挑针

前领窝

加线　中心

图 2　袖窿

渡线

图 1-1

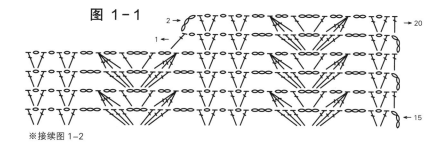

※接续图1-2

接续64页 / 作品10

编织花样

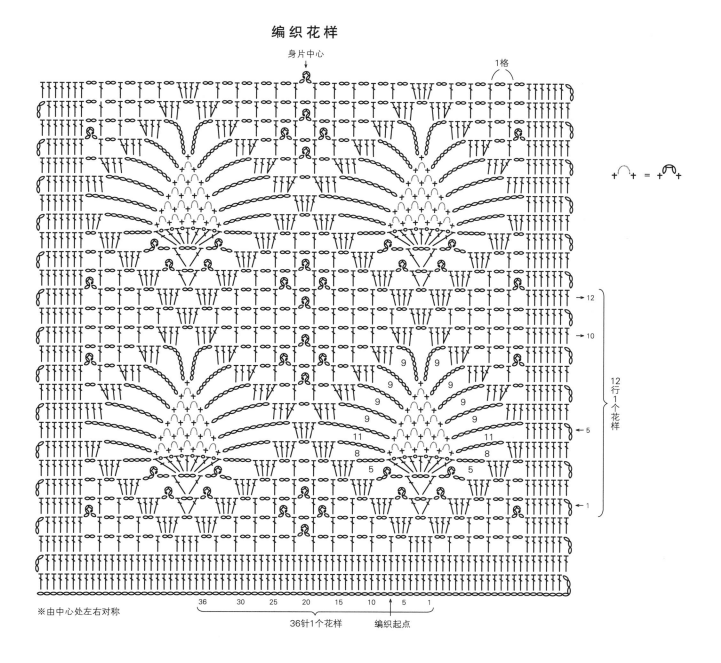

※由中心处左右对称

36针1个花样　　编织起点

★ **材料和工具** 和麻纳卡线 桃色系杂糅色线 190g/8 团；钩针 3/0 号

★ **完成尺寸** 胸围 96cm，肩背宽 40cm，身长 55.5cm

★ **编织密度** 编织花样 A：1 个花样 10 行，约 3cm×10cm

★ **编织要点 编织花样 A** 第 3 行的枣形针劈开前 1 行的第 2 针锁针进行编织，长针和 2 针枣形针的 5 针并 1 针之后的第 1 针锁针拉线后小幅编织。接续 2 针锁针之后的长针和第 4 行的 2 针枣形针，要在小幅编织的锁针处插入钩针进行编织。**身片** 挑半针锁针开始编织。袖窿、领窝参照各分解图进行编织。下摆的编织花样 B 要整段挑起编织。**组合** 肩部正面朝内如图所示做锁针的引拔针钉缝，胁部做锁针的引拔针拼缝。为使织片的花形花样完整，注意调整部分源自衣领目处的挑针。下摆处一样调整源自行的挑针，编织成环形。袖窿和衣领编织要领相同。

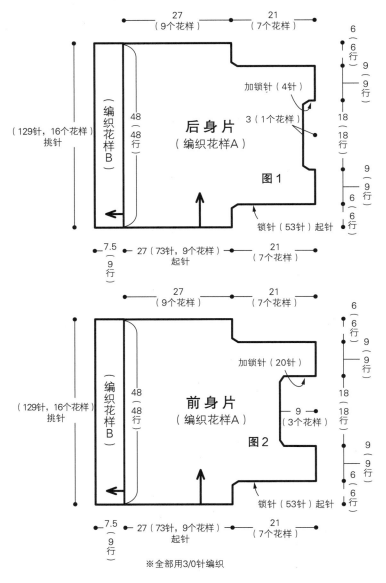

27（9个花样）　21（7个花样）

6（6行）
9（9行）
18（18行）
18（18行）
9（9行）
6（6行）

（129针，16个花样）挑针

（编织花样B）

48（48行）

加锁针（4针）

3（1个花样）

后身片（编织花样A）

图1

锁针（53针）起针

7.5（9行）　27（73针，9个花样）起针　21（7个花样）

27（9个花样）　21（7个花样）

6（6行）
9（9行）
18（18行）
18（18行）
9（9行）
6（6行）

（129针，16个花样）挑针

（编织花样B）

48（48行）

加锁针（20针）

9（3个花样）

前身片（编织花样A）

图2

锁针（53针）起针

7.5（9行）　27（73针，9个花样）起针　21（7个花样）

※全部用3/0针编织

编 织 花 样 A

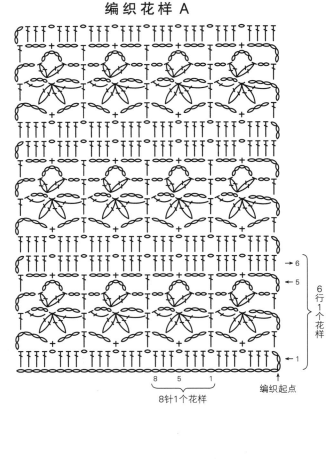

→ 6
← 5
→ 1

6行1个花样

8　5　1

8针1个花样

编织起点

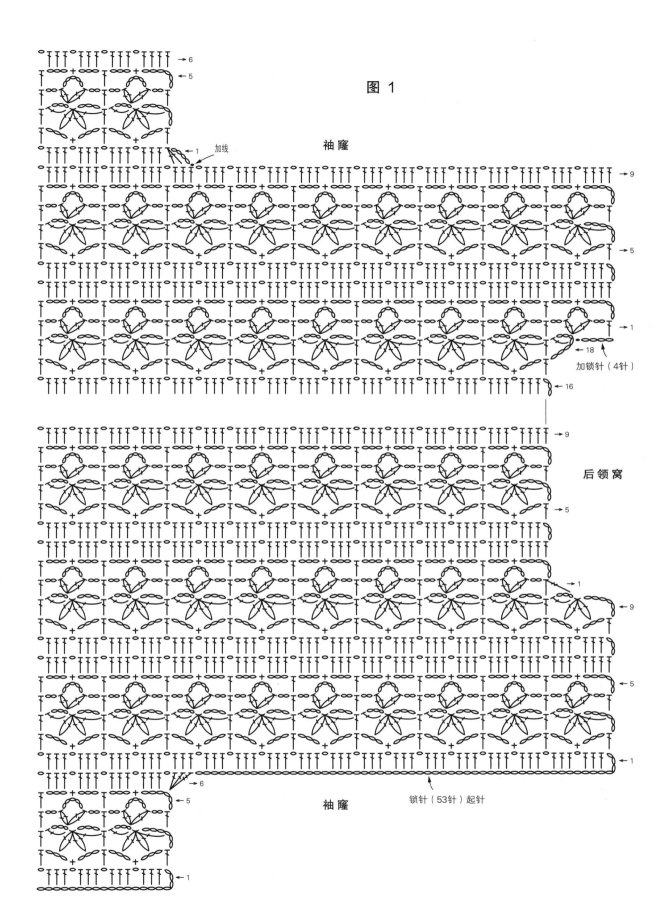

图 1

袖窿

加线

袖窿

后领窝

加锁针（4针）

锁针（53针）起针

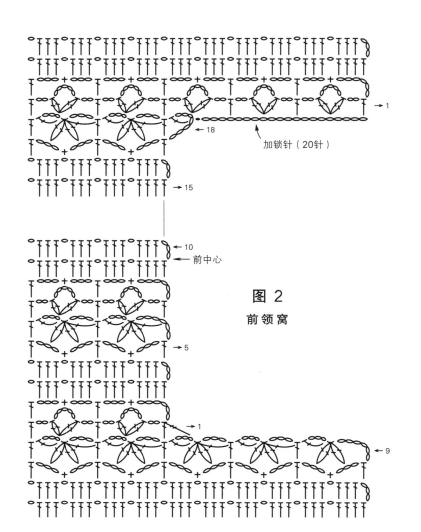

→1

←18

加锁针（20针）

←15

←10

←前中心

图 2
前领窝

→5

→1

→9

肩

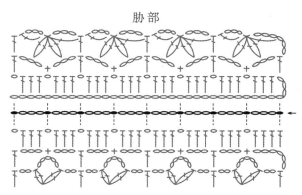

胁部

编织花样 B

←9

←5

←1

8 5 1

8针1个花样

62

衣领、袖窿（边缘编织）

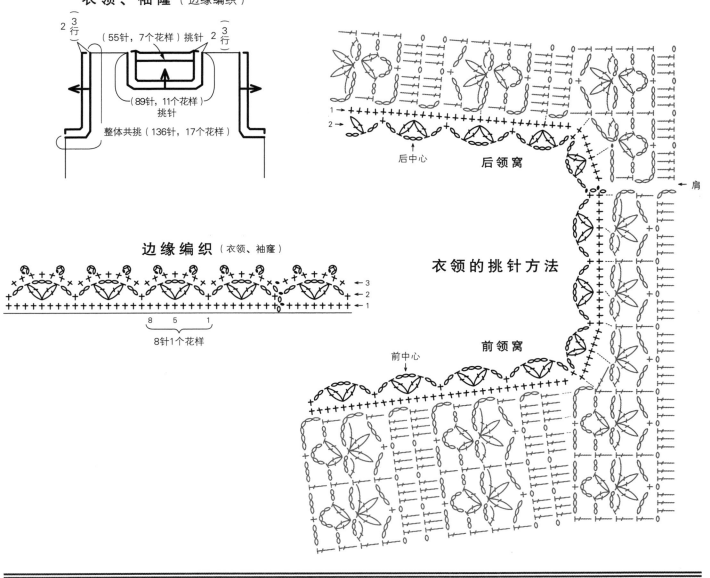

（55针，7个花样）挑针
2（3行）
2（3行）

（89针，11个花样）挑针

整体共挑（136针，17个花样）

后中心　后领窝

衣领的挑针方法

肩

前中心　前领窝

边 缘 编 织（衣领、袖窿）

8　5　1
8针1个花样
1
2
3

接续81页 / 作品11

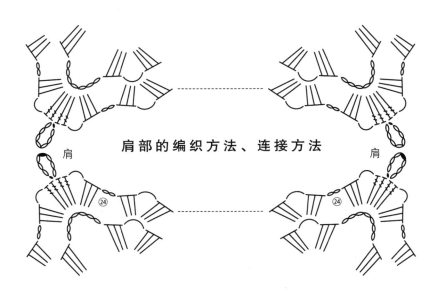

肩

肩部的编织方法、连接方法

肩

㉔　　㉔

＊材料和工具 和麻纳卡线 藏青色 220g/6团；直径 18mm 的纽扣 3 颗；钩针 4/0 号
＊完成尺寸 胸围 92cm，肩背宽 35cm，身长 52.5cm
＊编织密度 10cm×10cm 面积内 10 格，12 行
＊编织要点 编织花样 长针编菠萝花样的左右锁针处的挑针要劈开针目。身片 前后连续编织，周边的外露之处也一起编织。做好周边挑针处的织线标记。挑半针锁针开始编织。前下摆的圆弧一边加针一边编织，编

织终点行做织线标记。胁部往上分为 3 枚，在前领窝的第 1 行做织线标记。组合 肩部前后对齐做交叉拼缝。用蒸汽熨斗轻烫，整理织片。正面在前身片周边编织引拔针完整织片。注意拉线力度。

编织花样见 59 页

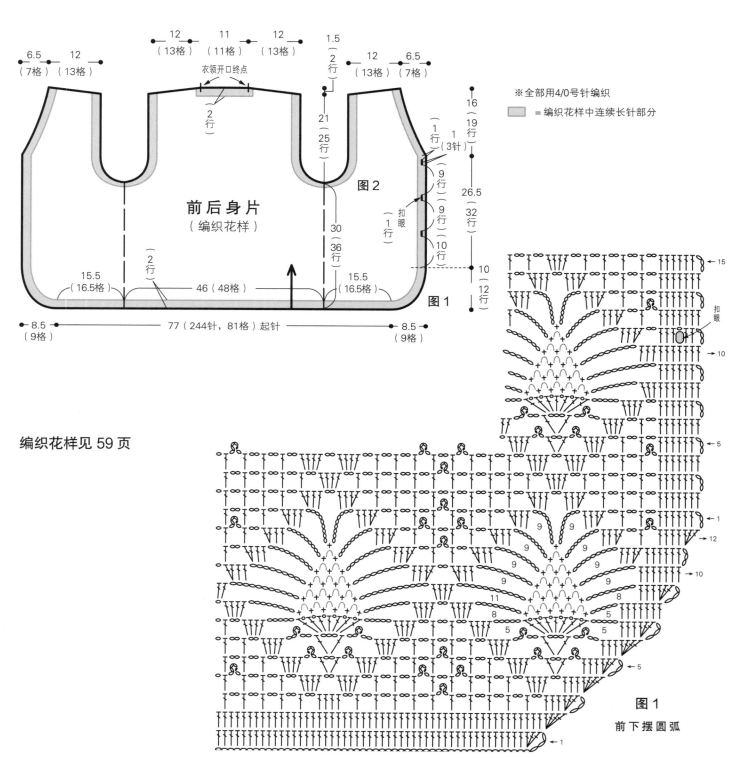

前后身片
（编织花样）

图1

图2

衣领开口终点

※全部用4/0号针编织
□=编织花样中连续长针部分

扣眼

图1
前下摆圆弧

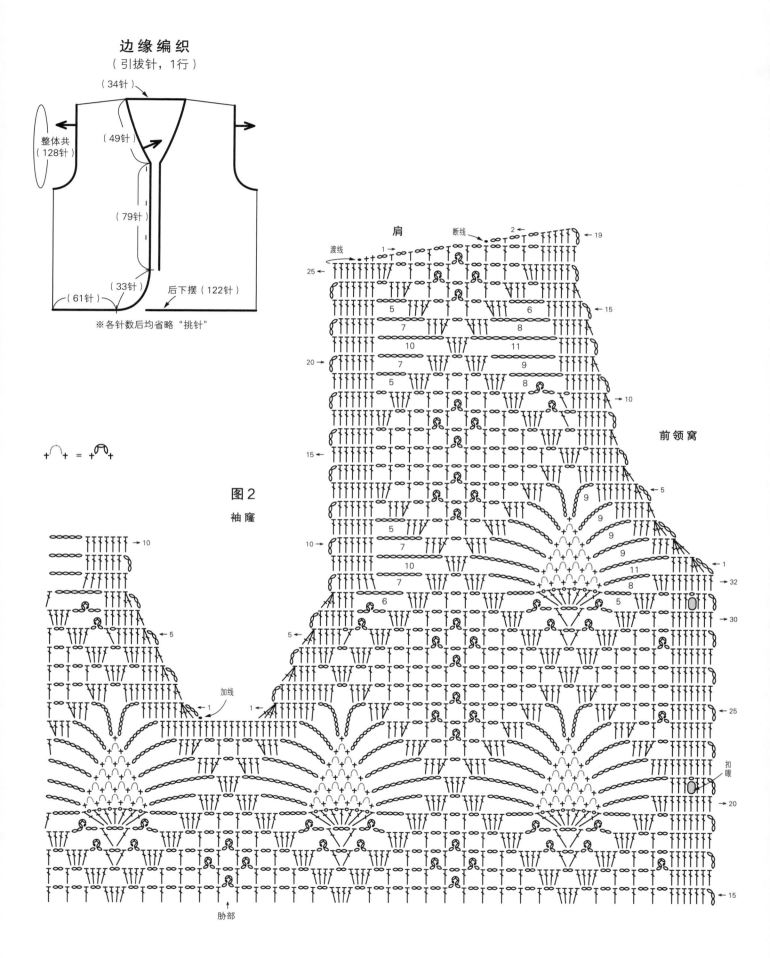

边缘编织
（引拔针，1行）

（34针）

整体共（128针）

（49针）

（79针）

（33针）

（61针）

后下摆（122针）

※各针数后均省略"挑针"

+ ⌢ + = + ⌢ +

图2
袖窿

肩　断线
渡线

前领窝

加线

扣眼

胁部

65

＊**材料和工具** 和麻纳卡线 淡绿色段染线 180g/8 团；钩针 3/0 号

＊**完成尺寸** 胸围 96cm，身长 52.5cm，连肩袖长 47.5cm

＊**编织密度** 编织花样：1 个花样 12 行，约 6cm×10cm

＊**编织要点** **身片** 挑半针锁针开始编织，后身片的衣袖开口终点、衣领开口终点处做织线标记。下摆的边缘编织逆向挑针编织。前身片和后身片都需在衣袖开口终点处做织线标记，袖窿处的减针参照分解图巧妙利用

花样进行编织。 **衣袖** 以和身片相同要领开始编织，袖下参照分解图编织，袖口边缘编织。 **组合** 肩部前后正面朝内对齐，如图所示进行锁针的引拔针拼缝。胁部、袖下以和肩部相同要领进行锁针的引拔针钉缝。衣领在左肩处加线开始编织，V 字领口减针。接缝衣袖时适当拉长衣袖的编织终点，进行锁针的引拔针钉缝。

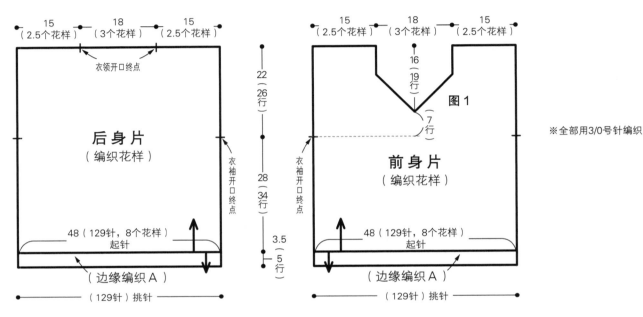

图 1

※全部用 3/0 号针编织

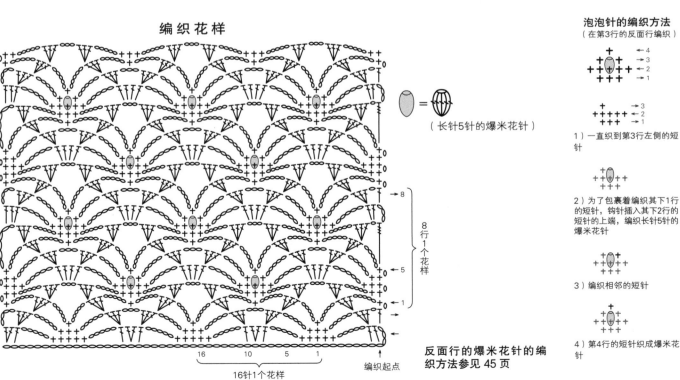

编织花样

泡泡针的编织方法
（在第3行的反面行编织）

（长针5针的爆米花针）

1）一直织到第3行左侧的短针

2）为了包裹着编织其下1行的短针，钩针插入其下2行的短针的上端，编织长针5针的爆米花针

3）编织相邻的短针

4）第4行的短针织成爆米花针

反面行的爆米花针的编织方法参见 45 页

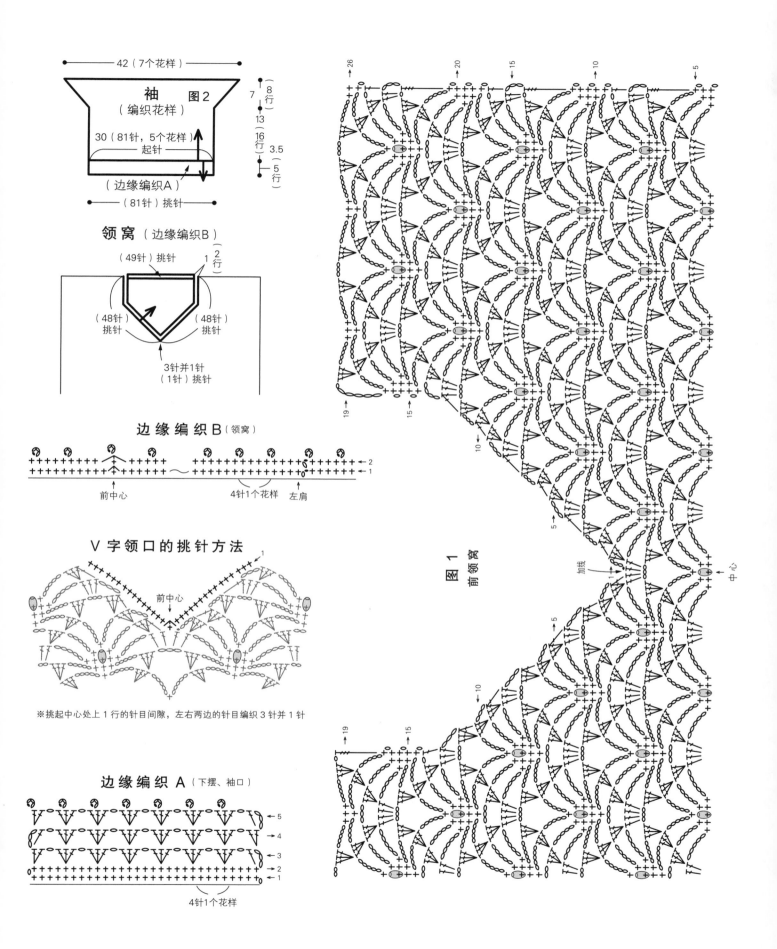

袖 图2
（编织花样）

42（7个花样）

7行 （8行）
13（16行）
3.5 （5行）

30（81针，5个花样）
起针

（边缘编织A）
（81针）挑针

领窝（边缘编织B）

（49针）挑针
1（2行）
（48针）挑针
（48针）挑针
3针并1针
（1针）挑针

边缘编织B（领窝）

←2
←1
前中心
4针1个花样
左肩

V字领口的挑针方法

1
前中心

※挑起中心处上1行的针目间隙，左右两边的针目编织3针并1针

边缘编织A（下摆、袖口）

←5
←4
←3
←2
←1
4针1个花样

图1
前领窝
加线
中心

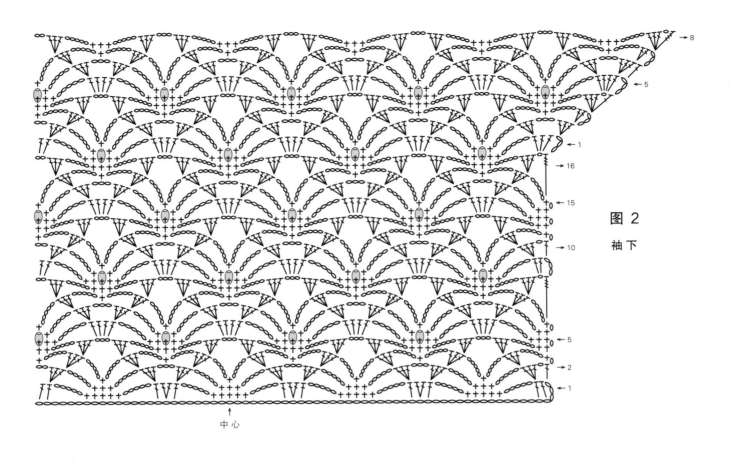

图 2

袖下

→ 8

← 5

← 1

→ 16

← 15

→ 10

← 5

← 2

← 1

中心

拼缝肩部

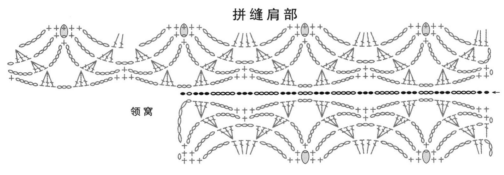

领窝

接续 69 页 / 作品 13、14

身片的挑针方法

继续编织

左袖口

加线

右袖口

← 1

* **材料和工具** 和麻纳卡线 **16** 桃色系 210g/9团，**17** 灰绿色系 210g/9团；钩针 3/0 号
* **完成尺寸** **13、14通用** 胸围100cm，身长55cm，连肩袖长28cm
* **编织密度** 编织花样A：1个花样（领窝侧）23行，约4cm×21cm；编织花样B：边长10cm的方形内8个花样×16行
* **编织要点** **13、14** 编织方法相同。**编织花样A** 的5针锁针省略标记符号。**育克** 根据领围大小环形起针，挑半针锁针和里山开

始编织。1个花样往返编织14行并分散加针，第23行的身片与袖口处变换织片。**身片** 袖口处重新加线，如图所示立织3针锁针，最初的松叶花只织一半。织完前身片，暂时搁置衣袖，编织后身片，接续前身片。**组合** 下摆的边缘编织A接续编织花样B。领窝的边缘编织B是将钩针插入挑针的针目中，整段挑起，变化编织方向环形编织锁针。

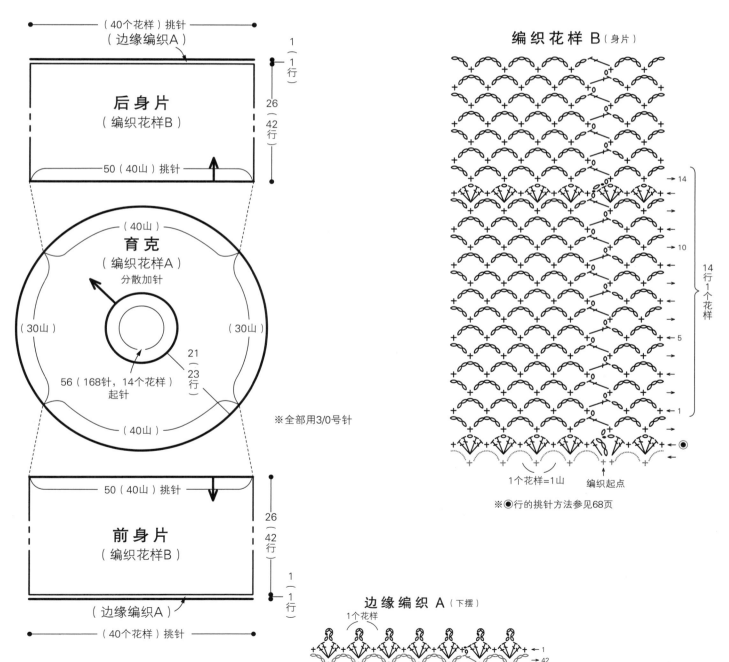

后身片
（编织花样B）

（40个花样）挑针
（边缘编织A）

1
（1行）

26
（42行）

50（40山）挑针

育克
（编织花样A）
分散加针

（40山）

（30山）　（30山）

56（168针，14个花样）起针

21
（23行）

（40山）

※全部用3/0号针

前身片
（编织花样B）

50（40山）挑针

26
（42行）

1
（1行）

（边缘编织A）

（40个花样）挑针

编织花样 B（身片）

→ 14

→ 10

14行1个花样

→ 5

→ 1

1个花样=1山　编织起点

※●行的挑针方法参见68页

边缘编织 A（下摆）

1个花样

→ 1
→ 42

接续 68 页

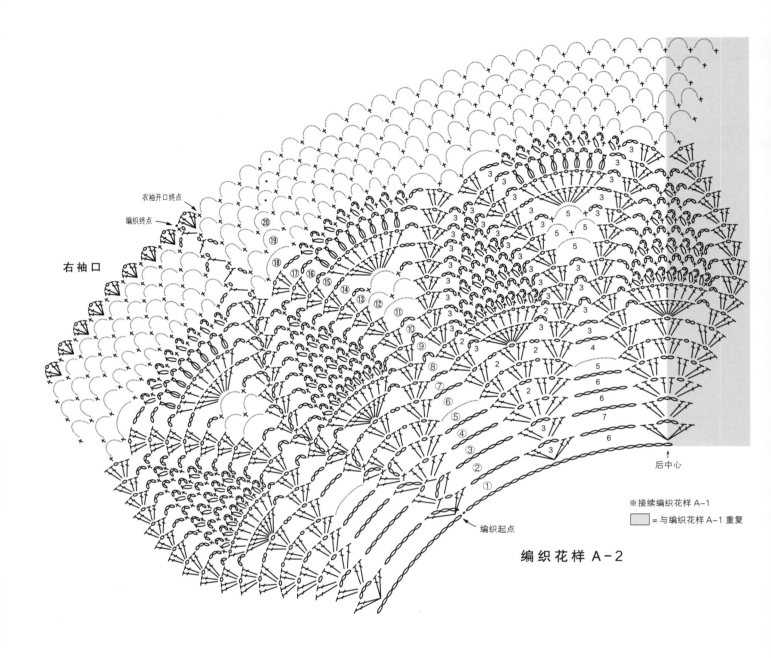

右袖口

衣袖开口终点

编织终点

⑳
⑲
⑱
⑰ ⑯
⑮ ⑭
⑬ ⑫
⑪
⑩
⑨
⑧
⑦
⑥
⑤
④
③
②
①

编织起点

3
3
3
3
3
5
5
3
2
2
2
2
3
4
5
6
6
7
6
3

后中心

※接续编织花样 A-1

[ ] = 与编织花样 A-1 重复

编织花样 A-2

领 窝 （边缘编织B）

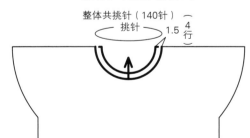

整体共挑针（140针）

挑针

1.5

4
行

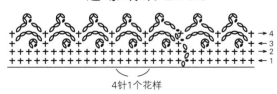

边 缘 编 织 B （领窝）

→4
←3
→2
←1

4针1个花样

70

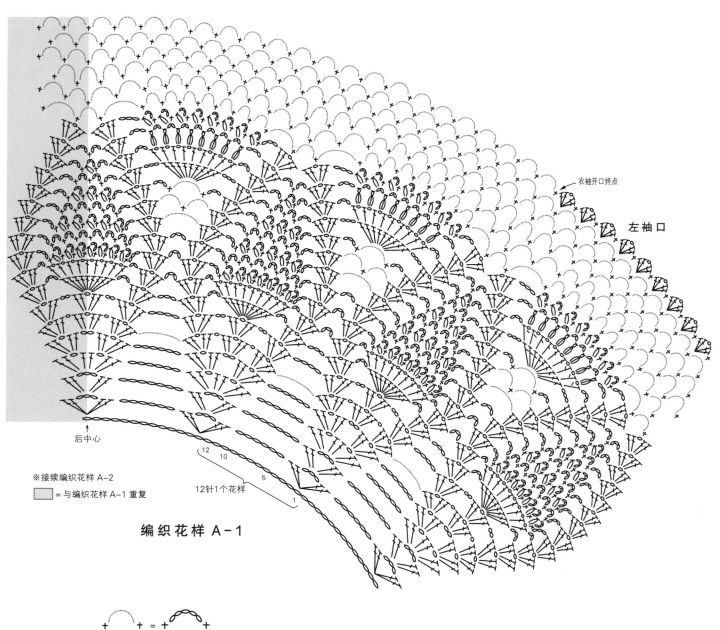

衣袖开口终点

左袖口

后中心

※接续编织花样 A-2

 = 与编织花样 A-1 重复

12 针 1 个花样

12 10 5 1

编织花样 A-1

+ ⌒ + = + ⌒⌒ +

的编织方法

1）前1行的锁针上编织短针，然后编织3针锁针

2）与1）相同，挑起整段锁针，编织中长针 2 针的枣形针

＊**材料和工具** 和麻纳卡线 驼色系 260g/9 团；钩针 4/0 号

＊**完成尺寸** 胸围 92cm，身长 53.5cm，连肩袖长 24.5cm

＊**编织密度** 编织花样：1 个花样 12.5 行，约 5cm×10cm

＊**编织要点** 编织花样 第 3、7 行的枣形针和短针均要整段挑起前 1 行的 5 针锁针进行编织。**身片** 下摆处起针，挑起锁针的里山开始编织。袖口开口终点处做织线标记，领窝参照各分解图编织，但领窝的第 1 行

中央处要变换织针，以平整织片。**组合** 肩部边调整锁针数量边做锁针的短针拼缝，胁部边调整锁针的数量边做锁针的短针钉缝。下摆平均 1 个花样挑 12 针，前后连续环形编织短针的条纹针。袖口处大约 2 行挑 3 针，以相同要领编织。衣领也做环形编织。

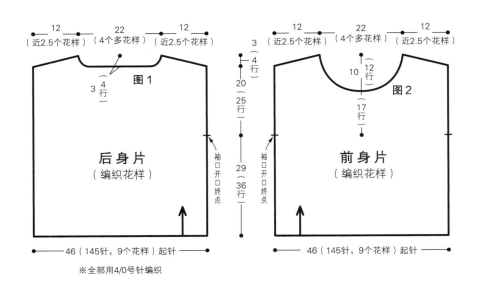

※全部用4/0号针编织

短针的条纹针

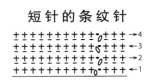

下摆、袖口、领窝
（短针的条纹针）

编织花样

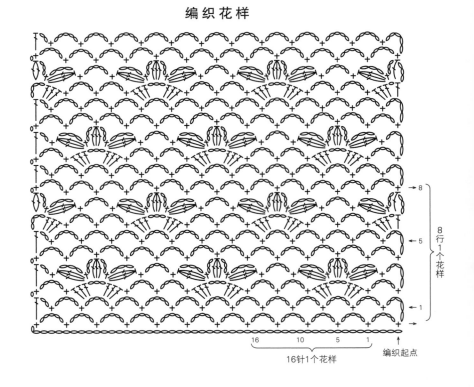

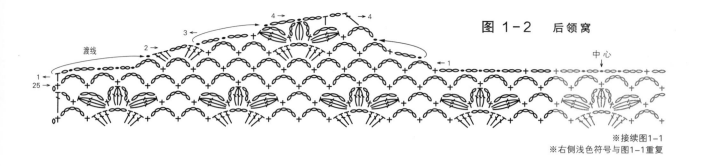

图 1-2 后领窝

※接续图1-1
※右侧浅色符号与图1-1重复

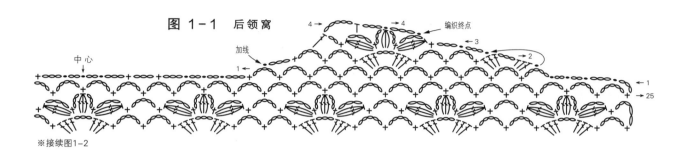

图 1-1 后领窝

※接续图1-2

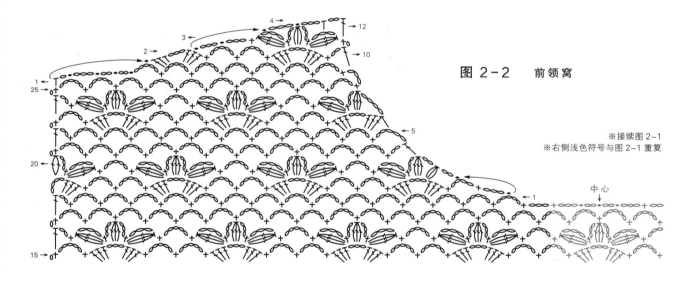

图 2-2 前领窝

※接续图2-1
※右侧浅色符号与图2-1重复

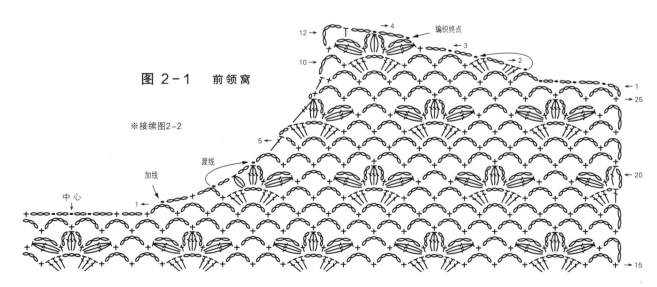

图 2-1 前领窝

※接续图2-2

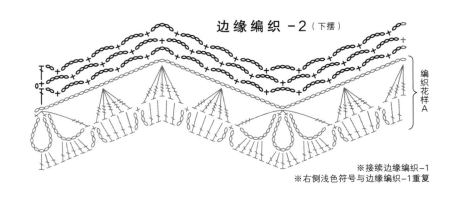

边缘编织-2（下摆）

编织花样A

※接续边缘编织-1
※右侧浅色符号与边缘编织-1重复

* **材料和工具** 和麻纳卡线 亮灰色160g/4团；钩针6/0号

* **完成尺寸** 胸围84cm，身长48cm，连肩袖长21cm

* **编织密度** 编织花样A：1个花样6行，约14cm×10cm；编织花样B：边长10cm的方形内5.5山×5行

* **编织要点** 编织花样A立织的锁针、三角形标记的锁针，在编织下1行时，要劈开针目，其他的要整段挑起。第2行的4针长针、短针均是挑起前1行的针目间隙进行编织。**身片** 挑起半针锁针和里山开始编织。袖口开口终点做织线标记。下摆处的边缘编织分前后挑针编织。**组合** 肩部做锁针的引拔针拼缝，胁部钉缝时注意不要破坏花样的完整。袖口处不做边缘编织，是自然编织状态，所以要固定好胁部钉缝的边侧。

编织花样A、B-2

衣领开口终点→

袖口开口终点

※接续编织花样A、B-1
※右侧浅色符号与A、B-1重复

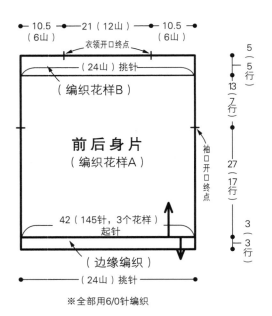

●—10.5—●—21（12山）—●—10.5—●
（6山）　　　　　　　　（6山）
衣领开口终点

（24山）挑针

（编织花样B）

前后身片
（编织花样A）

5
（5行）

13
（7行）

27
（17行）

3
（3行）

袖口开口终点

42（145针，3个花样）
起针

（边缘编织）

（24山）挑针

※全部用6/0针编织

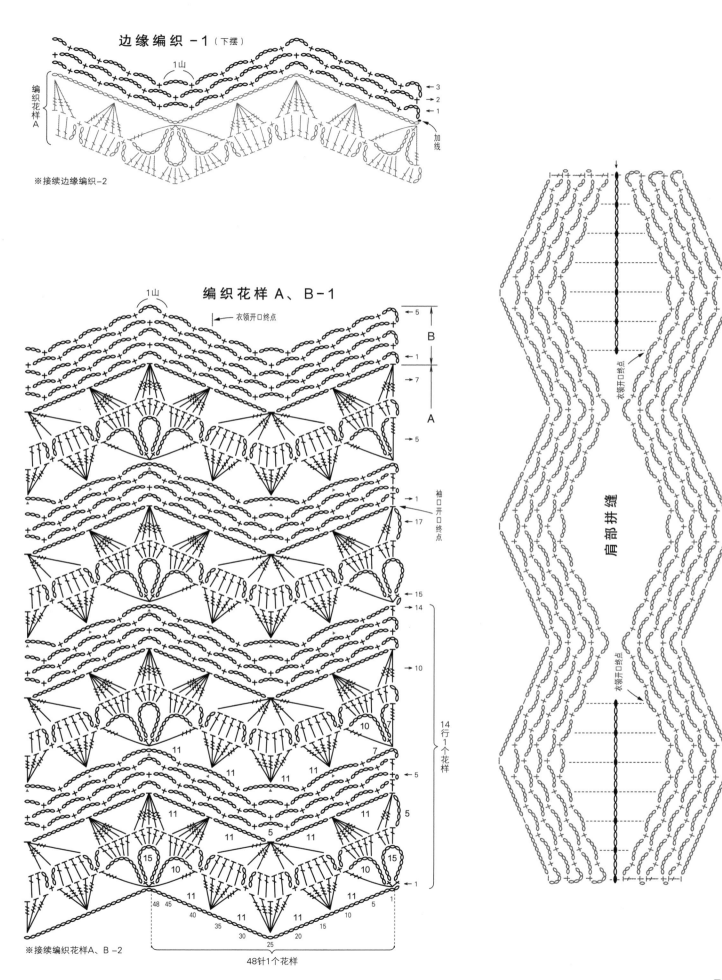

边缘编织－1（下摆）

1山

编织花样A

※接续边缘编织-2

→3
→2
→1

加线

编织花样 A、B-1

1山

衣领开口终点

→5

B

1

→7

A

→5

袖口开口终点

→1
→17
→15
→14

→10

14行1个花样

→5

5

15
11
5
11
11
5
10
11
5
15
10
1
11
11
5
48 45
40
35
30
25
20
15
10

※接续编织花样A、B -2

48针1个花样

肩部拼缝

衣领开口终点

衣领开口终点

＊**材料和工具** 和麻纳卡线 浅橄榄黄色 190g/8 团；直径 18mm 的纽扣 5 颗；钩针 3/0 号

＊**完成尺寸** 胸围 95cm，肩背宽 37cm，身长 55cm

＊**编织密度** 编织花样 A：边长 10cm 的方形内 28 针 ×9.5 行

＊**编织要点** 编织花样 A 与 A' 的边缘针目不同，参照各符号图编织。**身片** 挑起半针锁针和里山开始编织，袖隆、领窝参照图 1、图 2。编织花样 B 的领窝处注意调整

针目的长度，以平整织片。**组合** 肩部的正面在前，对齐后半针半针地交叉拼缝。胁部劈开针目，轻柔钉缝。下摆的边缘编织处前后连续编织 4 行后断线。衣领、前门襟方法相同。第 5 行重新加线环周边连续编织。袖隆的边缘编织为环形编织。用蒸汽熨斗轻轻烫压。

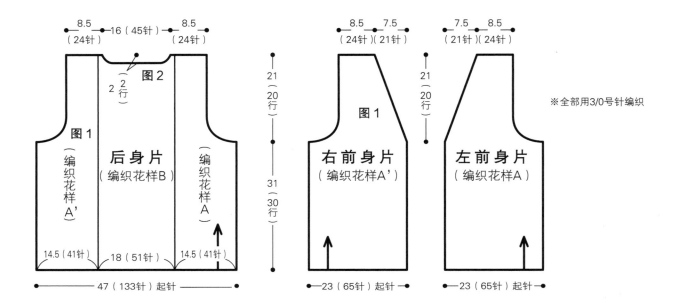

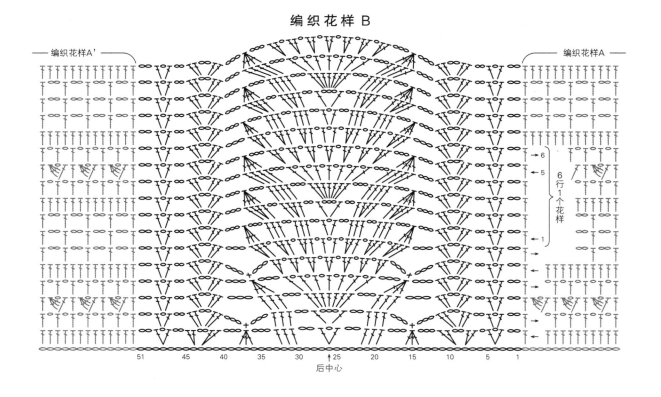

编织花样 B

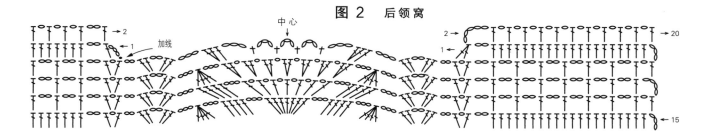

图 2　后领窝

中心
加线

编织花样 A'

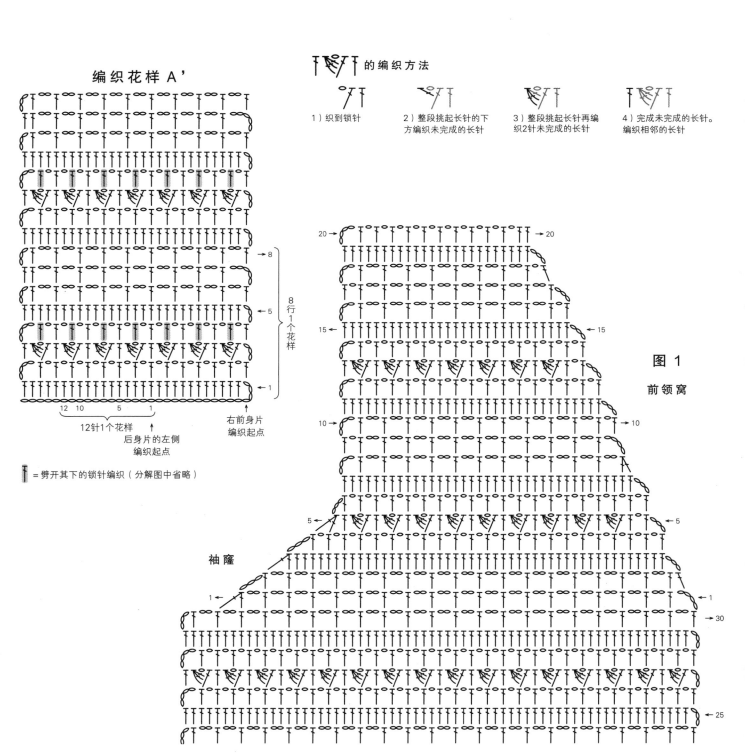

的编织方法

1）织到锁针

2）整段挑起长针的下方编织未完成的长针

3）整段挑起长针再编织2针未完成的长针

4）完成未完成的长针。编织相邻的长针

8行1个花样

12针1个花样

后身片的左侧编织起点

右前身片编织起点

= 劈开其下的锁针编织（分解图中省略）

图 1

前领窝

袖窿

77

编织花样 A

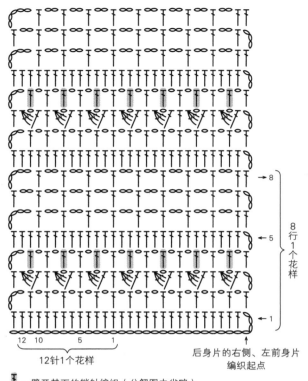

→ 8
← 5
1

8行1个花样

12 10 5 1

12针1个花样

后身片的右侧、左前身片
编织起点

![] =劈开其下的锁针编织（分解图中省略）

衣领、前门襟
（边缘编织B）

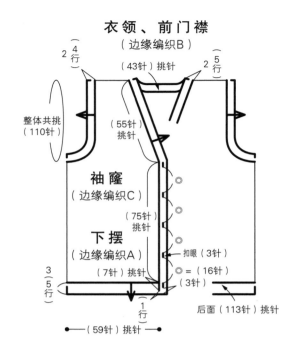

2（4行）
（43针）挑针
2（5行）

整体共挑
（110针）

（55针）
挑针

袖窿
（边缘编织C）

下摆
（边缘编织A）

（75针）
挑针

（7针）挑针

3（5行）

扣眼（3针）

◎ =（16针）
（3针）

后面（113针）挑针

1行

（59针）挑针

边缘编织 A （下摆）

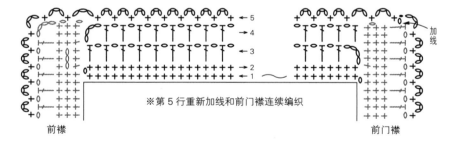

← 5
→ 4
← 3
→ 2
← 1

加线

※第5行重新加线和前门襟连续编织

前襟   前门襟

边缘编织 C（袖窿）

← 4
→ 3
→ 2
→ 1

边缘编织 B、扣眼（右前门襟）

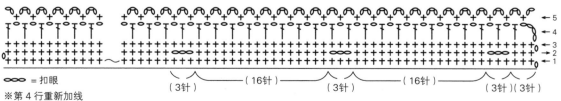

← 5
○ 4
→ 3
→ 2
○ 1

◦◦◦ =扣眼

（3针） （16针） （3针） （16针） （3针）（3针）

※第4行重新加线
※第5行和下摆一起连续编织

＊**材料和工具** 和麻纳卡线 紫蓝色 170g/7 团；钩针 3/0 号

＊**完成尺寸** 胸围不定，肩背宽 35cm，身长 59cm

＊**编织密度** 编织花样：1 个花样 24 行，约 33cm（编织终点侧）×33cm

＊**编织要点** 身片 环形起针开始编织，有时需增加锁针有时需变长针为长长针，环形编织 6 个花样。第 24 行仅在肩部编织锁针 7 针的环，将 2 片身片连接一起。**组合** 下摆、胁部连续编织 1 行边缘编织 A，在胁部将

前后连接一起（参照胁部的连接图）。基本是 12 针 1 个花样，六边形的角处编织 3 针锁针的狗牙针，凹缺处放 4 针（短针部分）。领窝在肩部加线，第 1、2 行均在中心的凹缺处做 2 针并 1 针的减针，环形编织。袖隆处的挑针如图所示，在胁部加线，和领窝处一样编织 2 行。

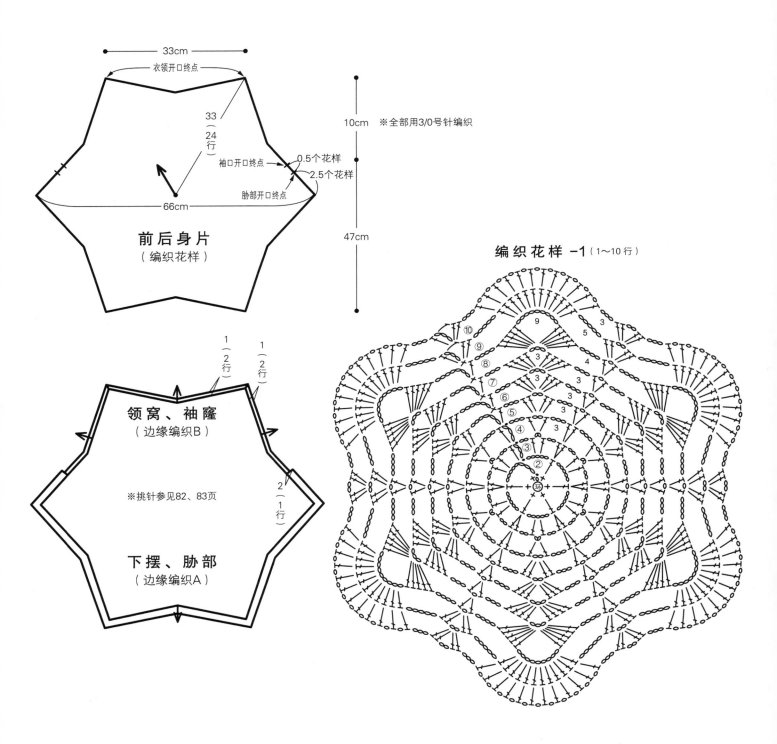

33cm

衣领开口终点

33（24 行）

66cm

袖口开口终点   0.5 个花样

2.5 个花样

胁部开口终点

前后身片（编织花样）

10cm　※全部用 3/0 号针编织

47cm

1（2 行）　1（2 行）

领窝、袖隆（边缘编织 B）

※挑针参见 82、83 页

2（1 行）

下摆、胁部（边缘编织 A）

编织花样 -1（1～10 行）

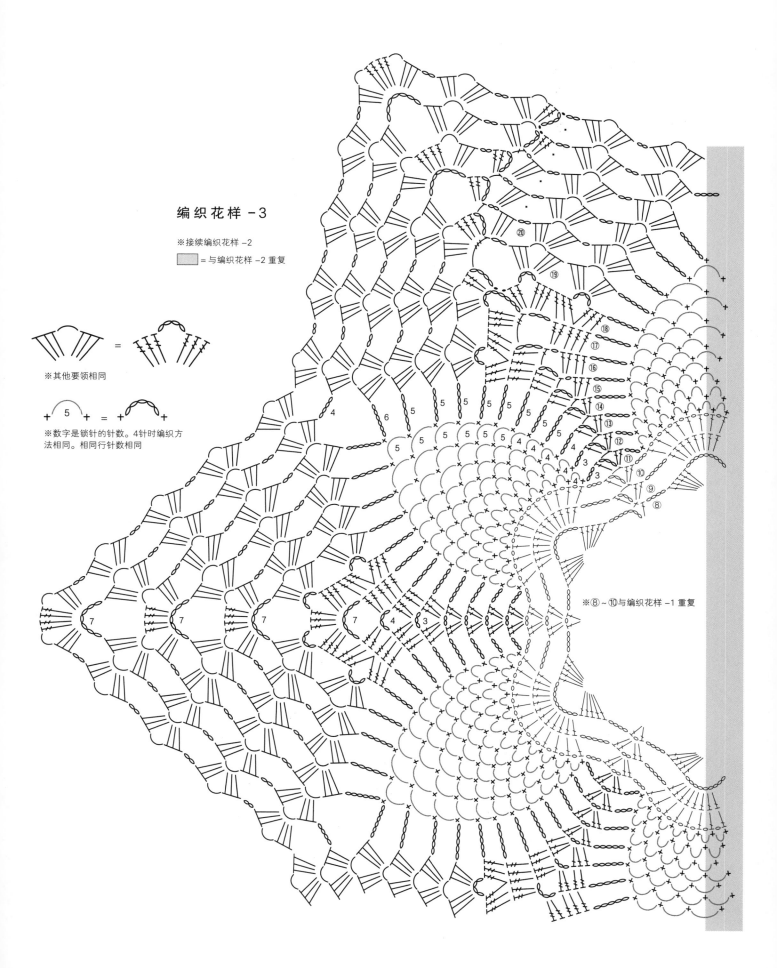

编织花样 -3

※接续编织花样 -2

□ = 与编织花样 -2 重复

※其他要领相同

※数字是锁针的针数。4针时编织方法相同。相同行针数相同

※⑧~⑩与编织花样 -1 重复

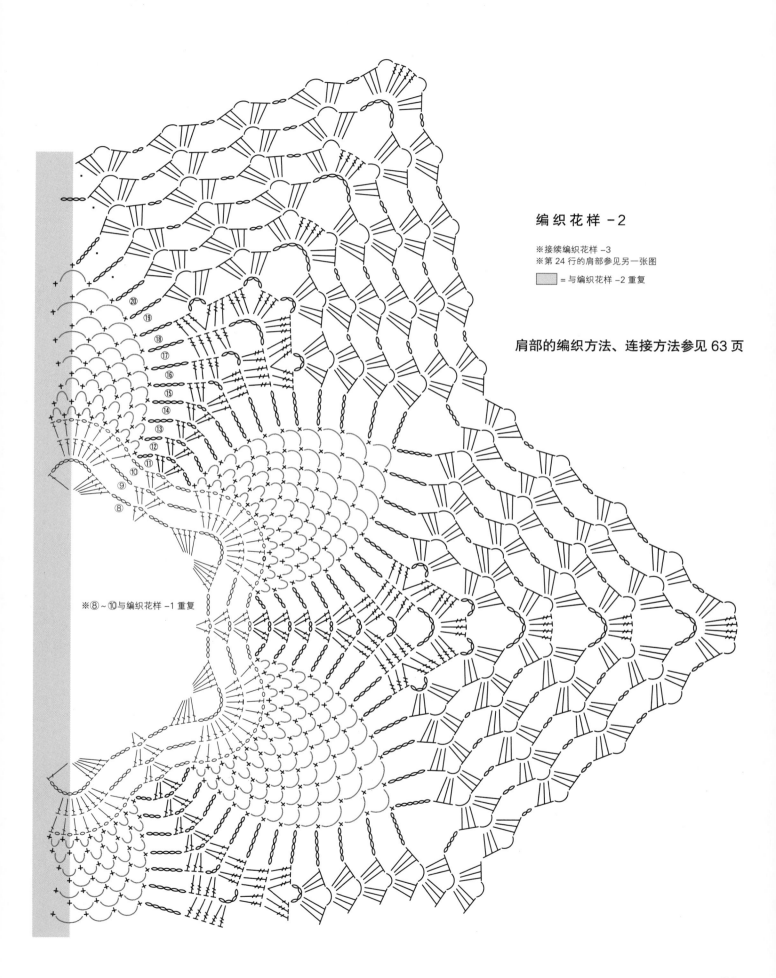

编 织 花 样 -2

※接续编织花样 -3
※第 24 行的肩部参见另一张图

= 与编织花样 -2 重复

肩部的编织方法、连接方法参见 63 页

※⑧~⑩与编织花样 -1 重复

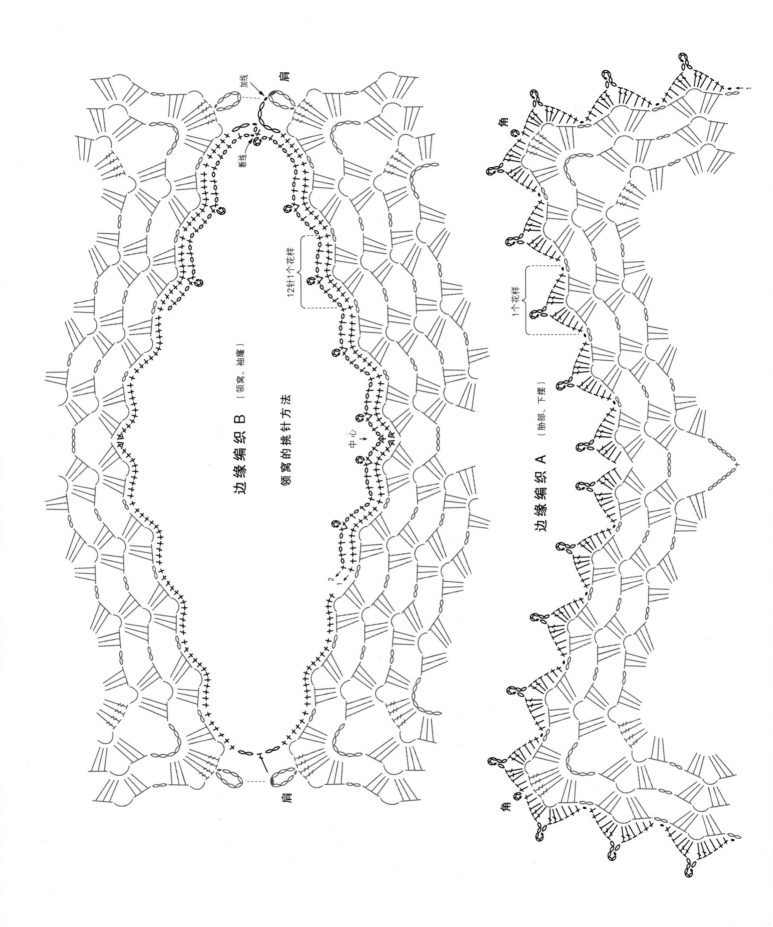

肩

加线

断线

12针1个花样

领窝的挑针方法

边缘编织 B（领窝、袖窿）

中心

2
1

肩

角

角

1个花样

边缘编织 A（胁部、下摆）

角

角

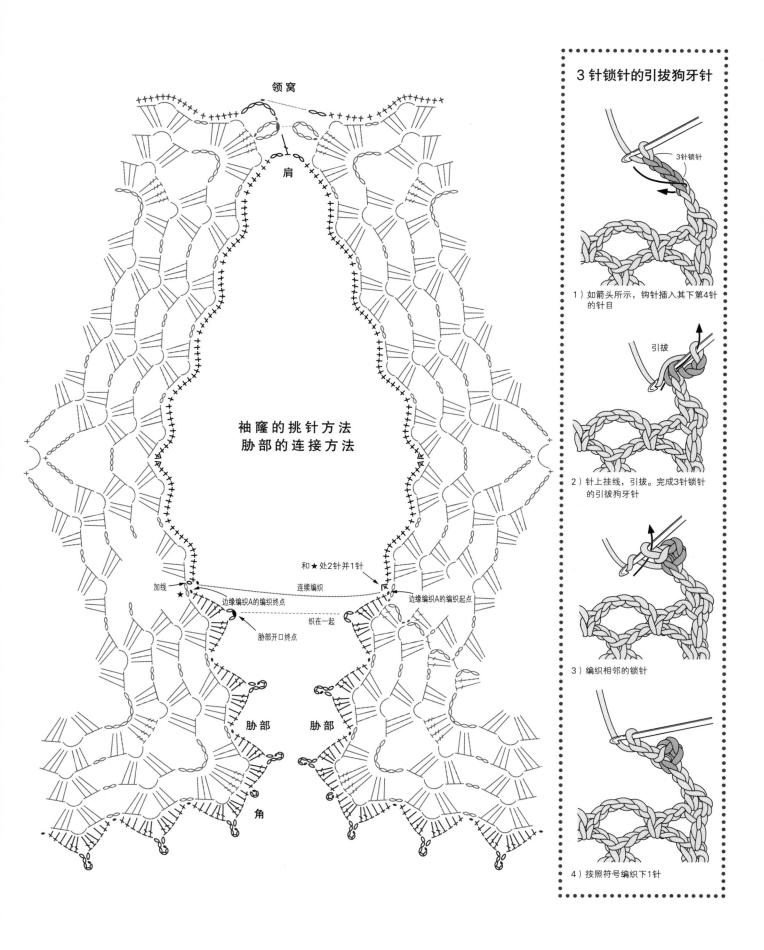

领窝

肩

袖窿的挑针方法
胁部的连接方法

和★处2针并1针

连续编织

加线
★

边缘编织A的编织终点
织在一起
胁部开口终点

边缘编织A的编织起点

胁部   胁部

角

3针锁针的引拔狗牙针

3针锁针

1）如箭头所示，钩针插入其下第4针的针目

引拔

2）针上挂线，引拔。完成3针锁针的引拔狗牙针

3）编织相邻的锁针

4）按照符号编织下1针

★ **材料和工具** 和麻纳卡线 米黄色 180g/8 团；钩针 3/0 号

★ **完成尺寸** 胸围 90cm，身长 54.5cm，连肩袖长 38cm

★ **编织密度** 编织花样 A：1 个花样 30 行，约 2.6cm（领窝侧）×27cm；编织花样 B：1 个花样 11.5 行，约 3cm×10cm

★ **编织要点** 编织花样 A 增加锁针后分散加针。**育克** 根据领围大小环形起针，挑半针锁针和里山开始编织。编织终点做织线标记以便区别身片和袖口。**身片** 在织线标记

处加线，前后连续环形编织。**组合** 袖口的第 1 行重复编织 3 针短针和 1 针锁针。领窝的短针在肩线处加线整段挑起 2 针锁针，平均 1 个花样挑 1 针，编织 4 针，余下的 22 个花样平均每个挑 2 针共挑 44 针（参照图示）。以相同要领然后挑 8 针、44 针、4 针，紧缩领窝。

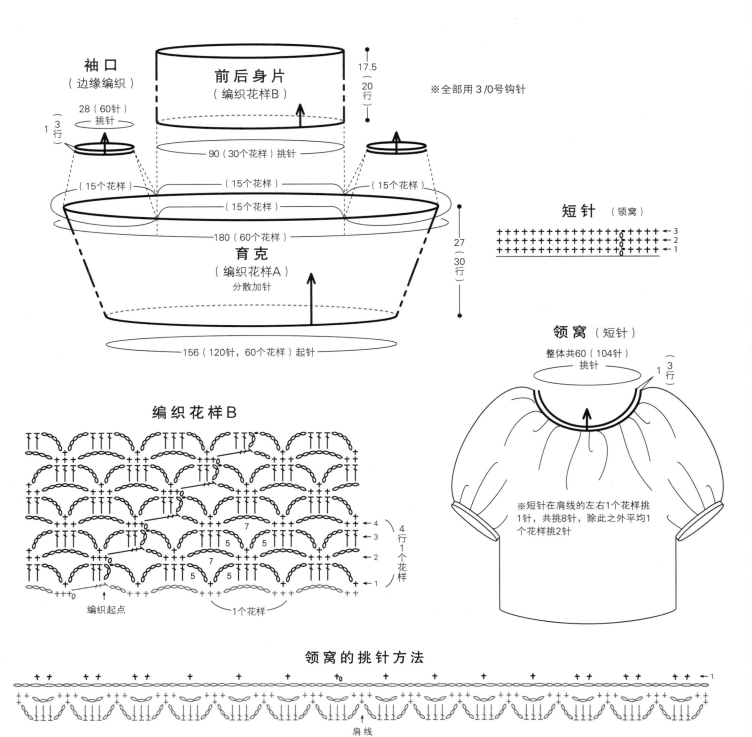

袖口（边缘编织）

前后身片（编织花样B）

17.5（20行）

※全部用 3/0 号钩针

28（60针）挑针

1（3行）

90（30个花样）挑针

（15个花样）　（15个花样）　（15个花样）

（15个花样）

180（60个花样）

27（30行）

育克（编织花样A）分散加针

156（120针，60个花样）起针

短针（领窝）

←3
←2
←1

领窝（短针）

整体共60（104针）挑针

1（3行）

※短针在肩线的左右1个花样挑1针，共挑8针，除此之外平均1个花样挑2针

编织花样B

←4
←3
←2
←1

4行1个花样

7
7
5　5
5

编织起点

1个花样

领窝的挑针方法

←1

肩线

编织花样A

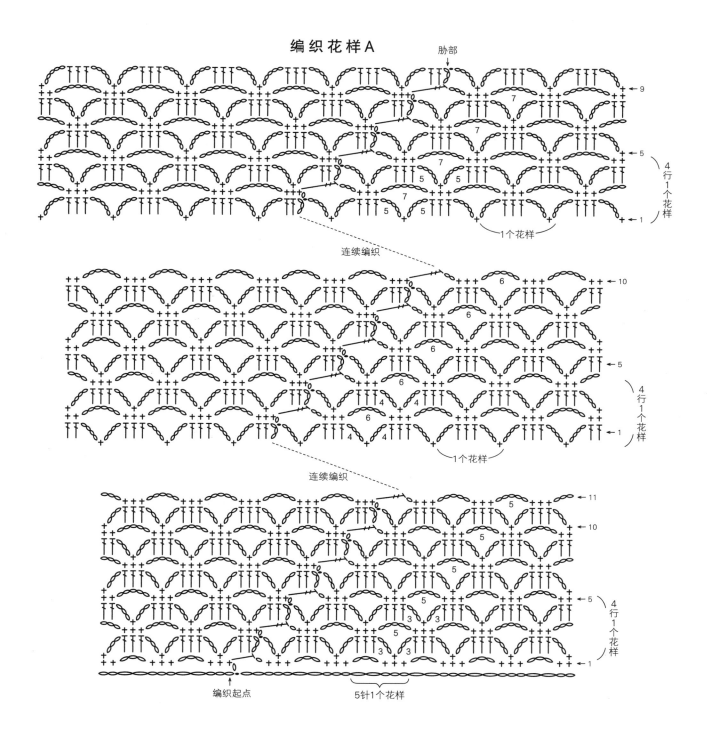

连续编织

连续编织

编织起点

5针1个花样

1个花样

4针1个花样

边缘编织（袖口）

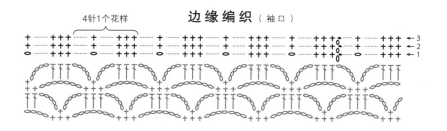

★ **材料和工具** 和麻纳卡线 绿色系 200g/8 团；钩针 3/0 号

★ **完成尺寸** 胸围90cm，肩背宽50cm，身长60cm

★ **编织密度** 编织花样A、B相同：1个花样11行，约4.5cm（编织花样B从编织起点）×10cm

★ **编织要点** 编织花样 编织花样A的4个角和编织花样B的每个花样分别分散加针往返编织成环形。在编织花样A的角处挑起前1行的锁针做1针短针放长针加针。

身片 根据衣领大小环形起针前后连续编织成环形。编织花样B的第1行只编身片，腋下处起针后即断线。在下1行腋下的中央处加线前后连续编织。下摆的边缘编织A接续编织花样B，编织成环形。**组合** 下摆的起针处整段挑针顺着一个方向做环形编织。袖口的边缘编织如图所示，在腋下的中央加线做环形编织。蒸汽熨斗轻轻烫压，平整织片。

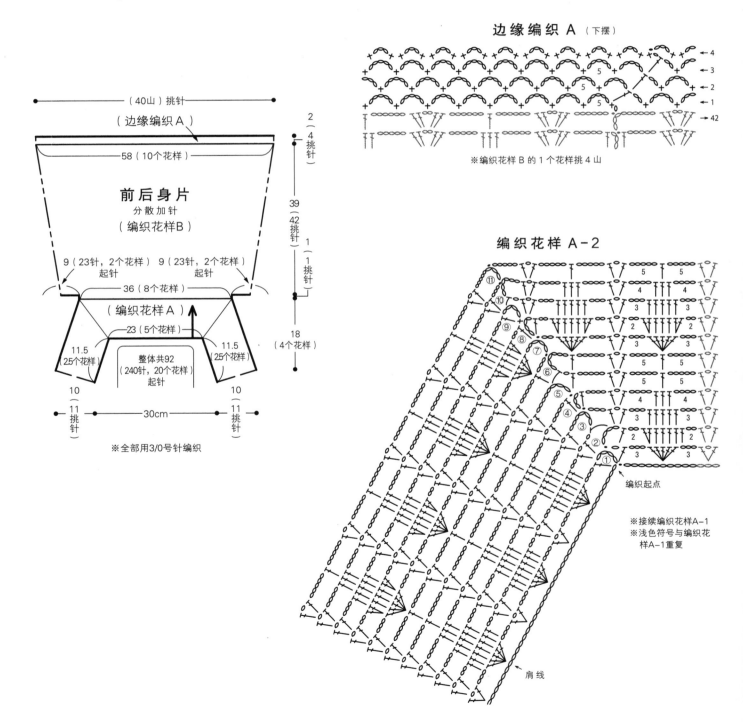

边缘编织 A（下摆）

※编织花样B的1个花样挑4山

（40山）挑针
（边缘编织A）
58（10个花样）

前后身片
分散加针
（编织花样B）

9（23针，2个花样）起针　9（23针，2个花样）起针
36（8个花样）
（编织花样A）
23（5个花样）
11.5　25个花样　11.5　25个花样
整体共92（240针，20个花样）起针
10　10
11挑针　30cm　11挑针

2（4挑针）
39（42挑针）
1（1挑针）
18（4个花样）

※全部用3/0号针编织

编织花样 A-2

编织起点

※接续编织花样A-1
※浅色符号与编织花样A-1重复

肩线

腋下的编织方法

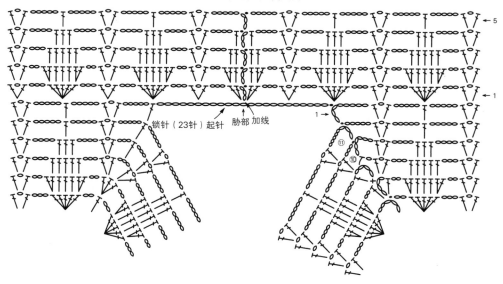

锁针（23针）起针　　胁部加线

1

⑪

⑩

←5

←1

编织花样 A-1

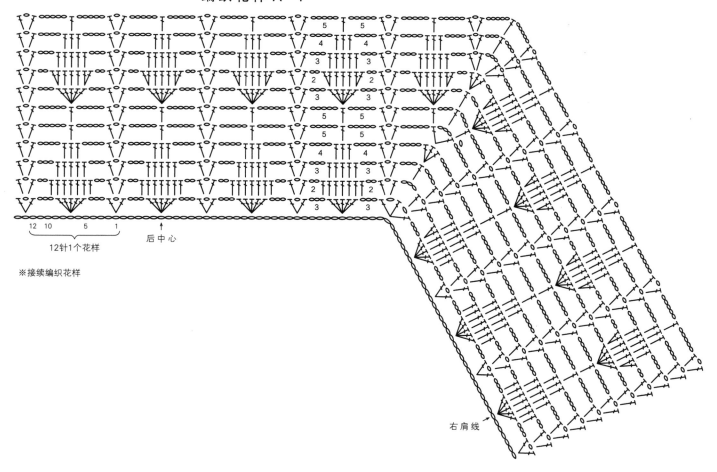

12　10　　5　　1

12针1个花样

后中心

右肩线

※接续编织花样

编织花样 B

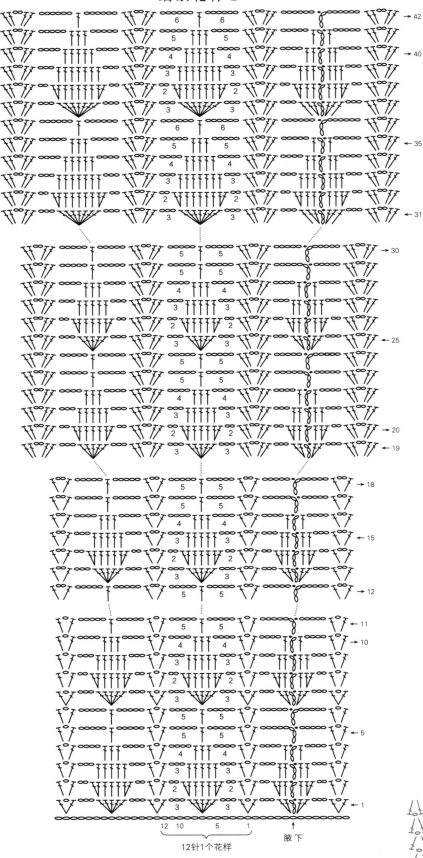

→ 42
6   6
5   5
→ 40
4   4
3   3
2   2
6   6
→ 35
5   5
4   4
3   3
2   2
→ 31
3   3

→ 30
5   5
5   5
4   4
3   3
→ 25
5   5
5   5
4   4
3   3
→ 20
2   2
→ 19
3   3

→ 18
5   5
4   4
→ 15
3   3
→ 12
5   5

→ 11
→ 10
4   4
3   3
2   2
→ 5
5   5
4   4
3   3
2   2
→ 1

12 10   5   1

12针1个花样   腋下

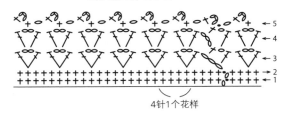

※编织花样B的第1行的长针在接续
其下织片编织时要整段挑起

衣领（边缘编织B）

2（4行）   26cm   3（5行）

前后共挑（50针）挑针   前后共挑（50针）挑针

整体共挑（31个花样）挑针

前后都挑（50针）挑针

袖窿（边缘编织C）

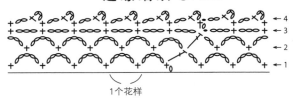

边缘编织 B（衣领）

→ 5
→ 4
→ 3
→ 2
→ 1

4针1个花样

边缘编织 C（袖窿）

→ 4
→ 3
→ 2
→ 1

1个花样

袖窿边的挑针方法

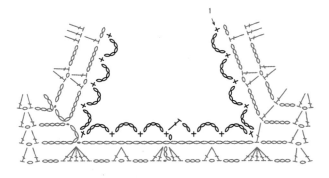

88

＊材料和工具　和麻纳卡线　紫灰色　220g/6团；钩针3/0号

＊完成尺寸　胸围96cm，身长54cm，连肩袖长28cm

＊编织密度　编织花样A：1个花样13.5行，约6.5cm×10cm。编织花样B：边长10cm的方形内32针×11行

＊编织要点　身片　锁针起针，挑起半针和里山开始编织。短针的第1行如图所示从2个花样挑41针。编织花样B的第2行做织线标记，领窝的编织参照图示。组合　肩部

的正面在上对齐前后，半针半针地交叉拼缝。胁做交叉钉缝。下摆处前后连续挑针做环形编织。袖口也和下摆相同做环形编织，但第2行要变换编织方向。衣领在左肩的后身片侧加线，在短针上挑针，但V领尖处需在身片中心的针目织入2针。V领尖的减针参照图示。

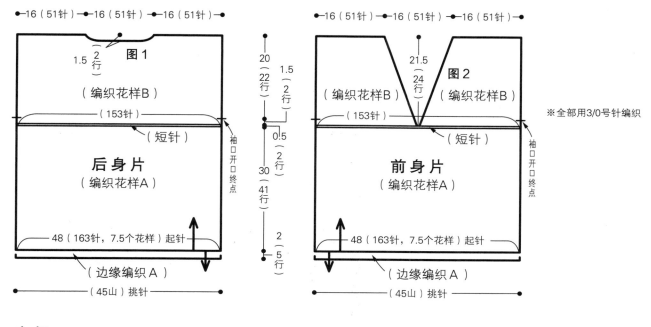

图1
1.5（2行）
←16（51针）→16（51针）→16（51针）→
（编织花样B）
（153针）
（短针）
后身片
（编织花样A）
48（163针，7.5个花样）起针
（边缘编织A）
（45山）挑针

20（22行）
1.5（2行）
0.5（2行）
30（41行）
2（5行）

图2
21.5（24行）
←16（51针）→16（51针）→16（51针）→
（编织花样B）　（编织花样B）
（153针）
（短针）
前身片
（编织花样A）
48（163针，7.5个花样）起针
（边缘编织A）
（45山）挑针

袖口开口终点

※全部用3/0号针编织

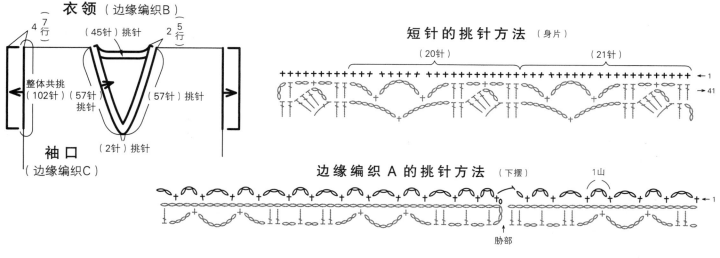

衣领（边缘编织B）
4（7行）
（45针）挑针　2（5行）
整体共挑（102针）（57针）挑针（57针）挑针
（2针）挑针
袖口（边缘编织C）

短针的挑针方法（身片）
（20针）（21针）
←1
←41

边缘编织A的挑针方法（下摆）
1山
←1
胁部

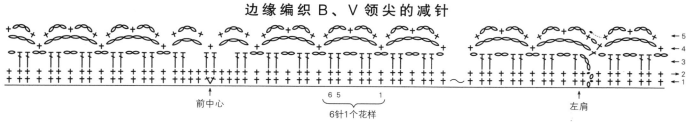

边缘编织B、V领尖的减针
←5
←4
←3
←2
←1
前中心　　6针1个花样　　左肩
6 5　1

89

编织花样 A

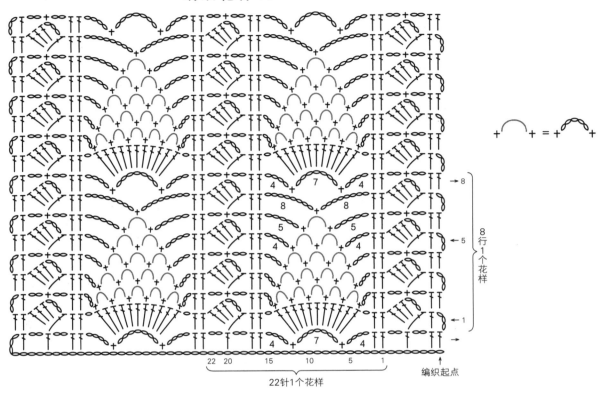

$+ \overset{\frown}{} + = + \overset{\frown}{\smile} +$

8行1个花样

22针1个花样

编织起点

编织花样 B

4行1个花样

6针1个花样

编织起点

= 劈开其下的锁针编织（分解图中省略标记）

边缘编织 A（下摆）

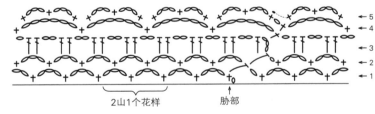

2山1个花样

胁部

边缘编织 C（袖口）

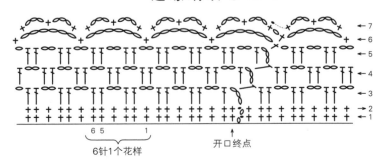

6针1个花样

开口终点

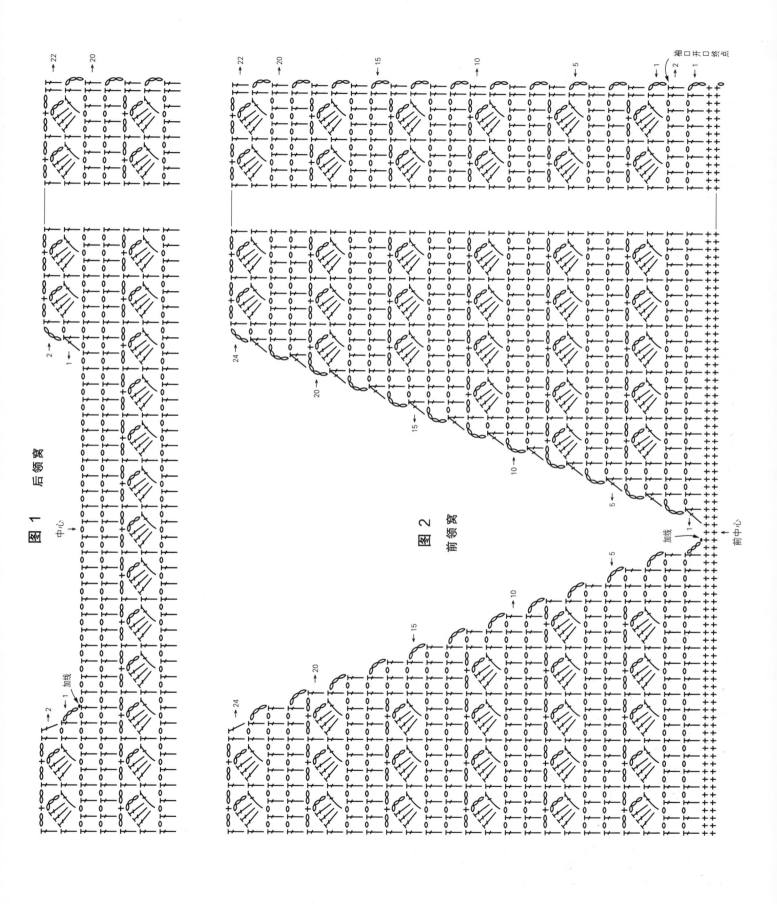

图 1　后领窝

图 2　前领窝

＊**材料和工具** 和麻纳卡线 红豆色
150g/5 团；直径 15mm 的纽扣 4 颗；钩针
4/0 号

＊**完成尺寸** 胸围 90cm，肩背宽 36cm，
身长 51cm（含流苏）

＊**编织密度** 编织花样：1 个花样 10 行，
约 4cm×10cm

＊**编织要点** 编织花样 第 1、3 行的短针均
将钩针插入前 1 行长针整段挑起进行编织。
后身片 锁针起针，挑起里山开始编织。袖窿、
领窝处参照各分解图。**前身片** 和后身片编

织要领相同。因为衣领和前身片一起编织，
所以需在衣领的第 1 行做织线标记。**组合**
肩部正面朝内对齐，如图所示做锁针的引拔
针拼缝。胁部做锁针的引拔针钉缝，注意调
整锁针的大小，以免织片错离。领边和前端
编织边缘编织 B，在其右前端做纽扣环。下
摆处前后连续编织边缘编织 A，第 2 行呈流
苏状。

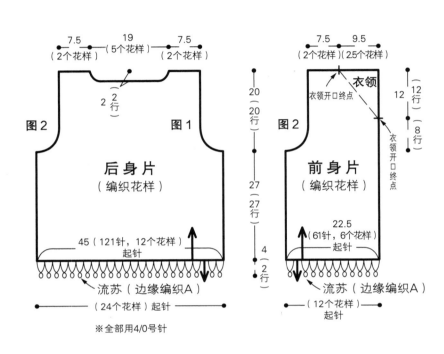

后身片（编织花样）

前身片（编织花样）

※全部用4/0号针

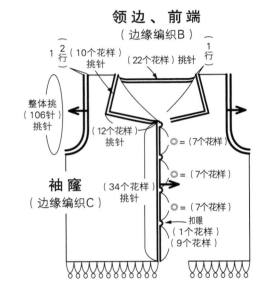

领边、前端（边缘编织B）

袖窿（边缘编织C）

编织花样

10针1个花样

边缘编织C（袖窿）

肩部拼缝

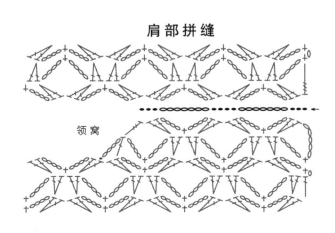

领窝

后领窝

中心

加线

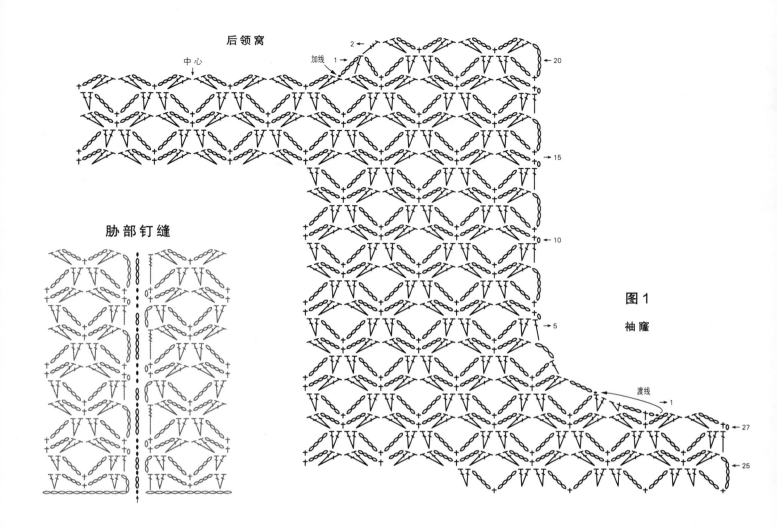

图 1
袖窿

渡线

胁部钉缝

边缘编织B、纽扣环 （右前端、衣领）

1个花样

纽扣环

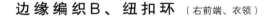

（1个花样） （7个花样） （1个花样） （9个花样）

边缘编织A （下摆）

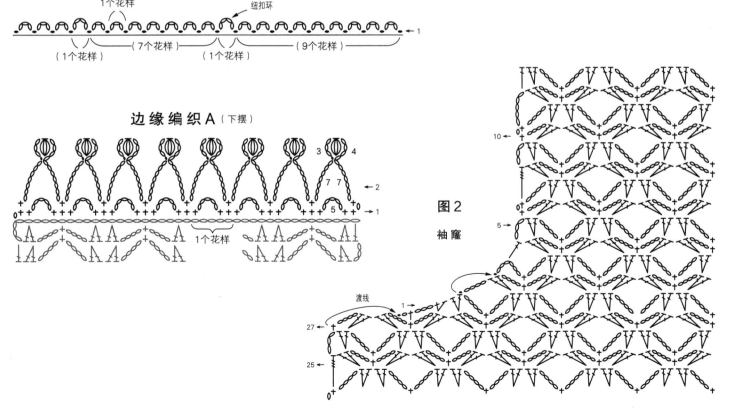

1个花样

图 2
袖窿

渡线

93

✲ **材料和工具** 和麻纳卡线 22 驼色系 200g/8 团，2 灰色系 200g/8 团；22、23 均需直径 18mm 的纽扣 2 颗；钩针 3/0 号

✲ **完成尺寸** 胸围尺寸不定，身长 57cm，连肩袖长 50.5cm

✲ **编织密度** 编织花样 A、B：1 山 13.5 行，约 1.2cm（外围）×10cm

✲ **编织要点** 22、23 编织方法相同，但穿着风格有所变化。**编织花样** 分散加针。每 5 行织 1 个花蕾，之后在下 1 加 1 山。如果前 1 行是锁针，编织长针 1 针放 3 针的

枣形针。**前后身片** 由于 1 个花样很大，为便于解说，以山数标记针目。以 6 针锁针和 1 针长针的组合起针。第 1 行在中心附近标记、在第 4 行编织花样 B 的部分变化花样的间隔。在 58 行如图所示袖口处变化织针。边编织袖下边做引拔针拼缝，前后对齐，从第 59 行开始连续编织前后身片。**组合** 从第 67 行的编织终点开始连续编织 1 周边缘编织。纽扣分别缝于织片的正、反面。

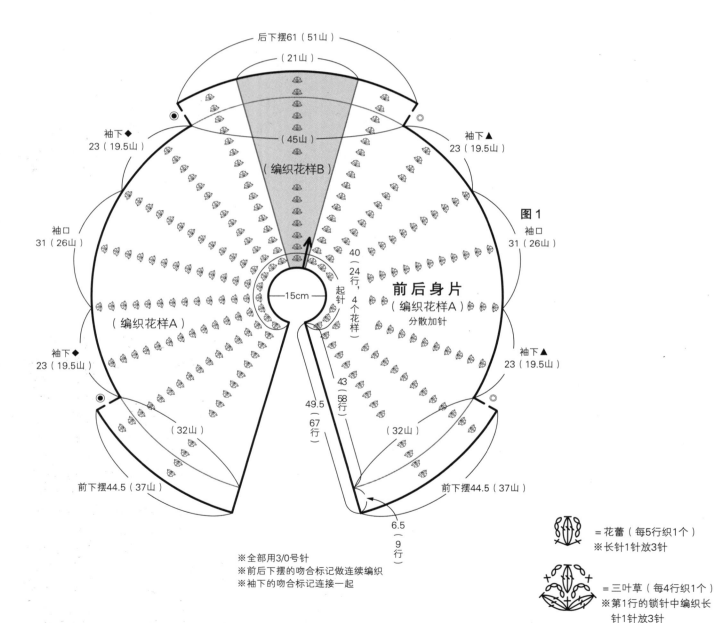

后下摆61（51山）

（21山）

袖下◆ 23（19.5山）

（45山）

（编织花样B）

袖下▲ 23（19.5山）

袖口 31（26山）

图1

袖口 31（26山）

（编织花样A）

15cm

40（24行，4个花样）

起针

前后身片（编织花样A）分散加针

袖下◆ 23（19.5山）

袖下▲ 23（19.5山）

49.5（67行）

43（58行）

（32山）

（32山）

前下摆44.5（37山）

6.5（9行）

前下摆44.5（37山）

※全部用3/0号针
※前后下摆的吻合标记做连续编织
※袖下的吻合标记连接一起

= 花蕾（每5行织1个）
※长针1针放3针

= 三叶草（每4行织1个）
※第1行的锁针中编织长针1针放3针

编织花样 A-2

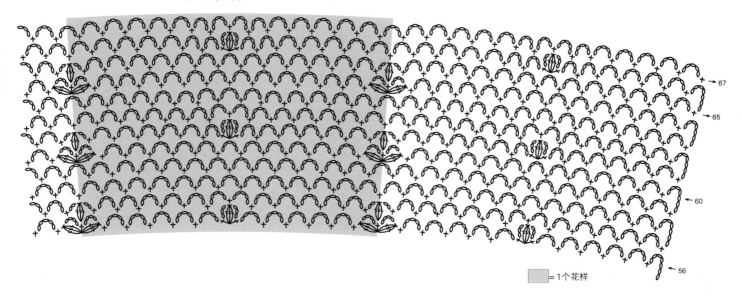

←67
←65
←60
←56

▨ =1个花样

编织花样 A-1

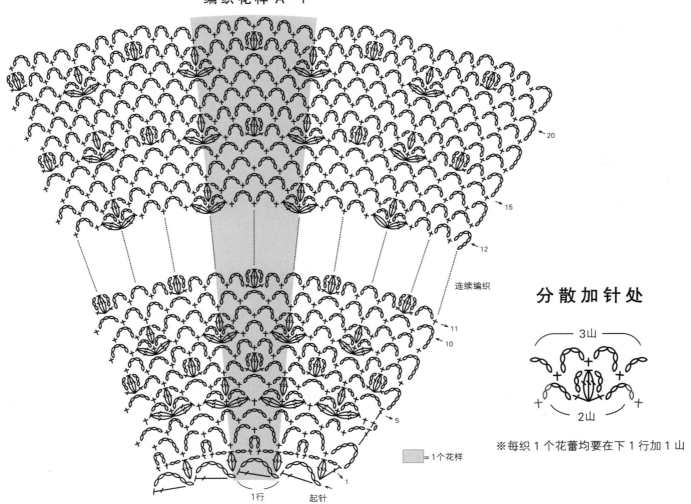

←20
←15
←12
连续编织
←11
←10
←5
←1

1行　起针

▨ =1个花样

分散加针处

─3山─
─2山─

※每织1个花蕾均要在下1行加1山

95

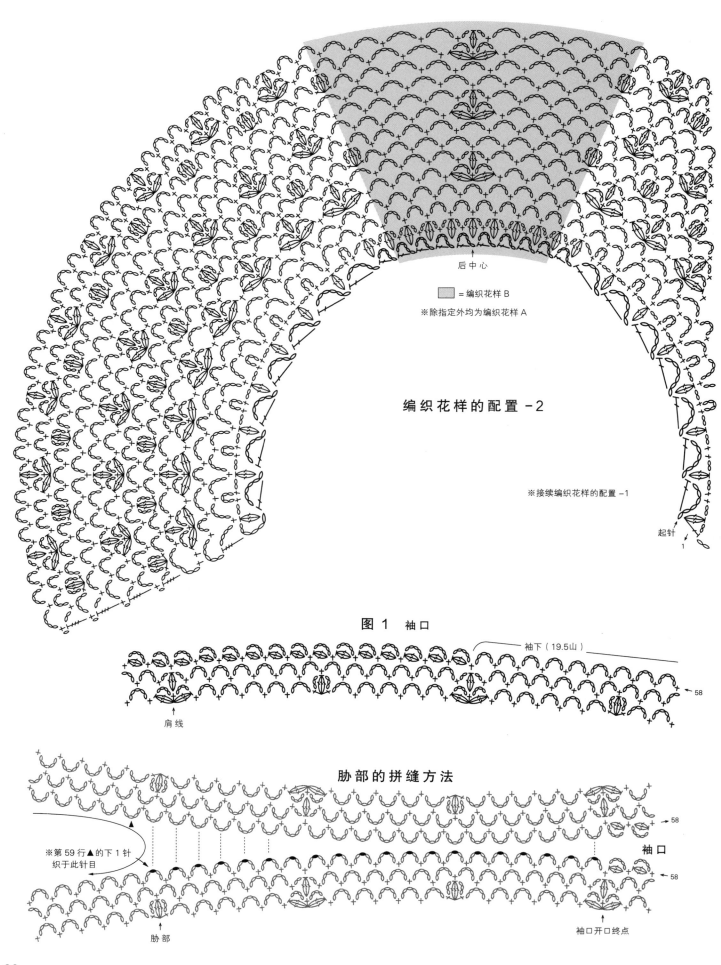

编织花样的配置 -2

= 编织花样 B

※除指定外均为编织花样 A

后中心

※接续编织花样的配置 -1

起针
1

图 1 袖口

袖下（19.5山）

肩线

58

胁部的拼缝方法

※第 59 行▲的下 1 针
织于此针目

58

袖口

58

胁部

袖口开口终点

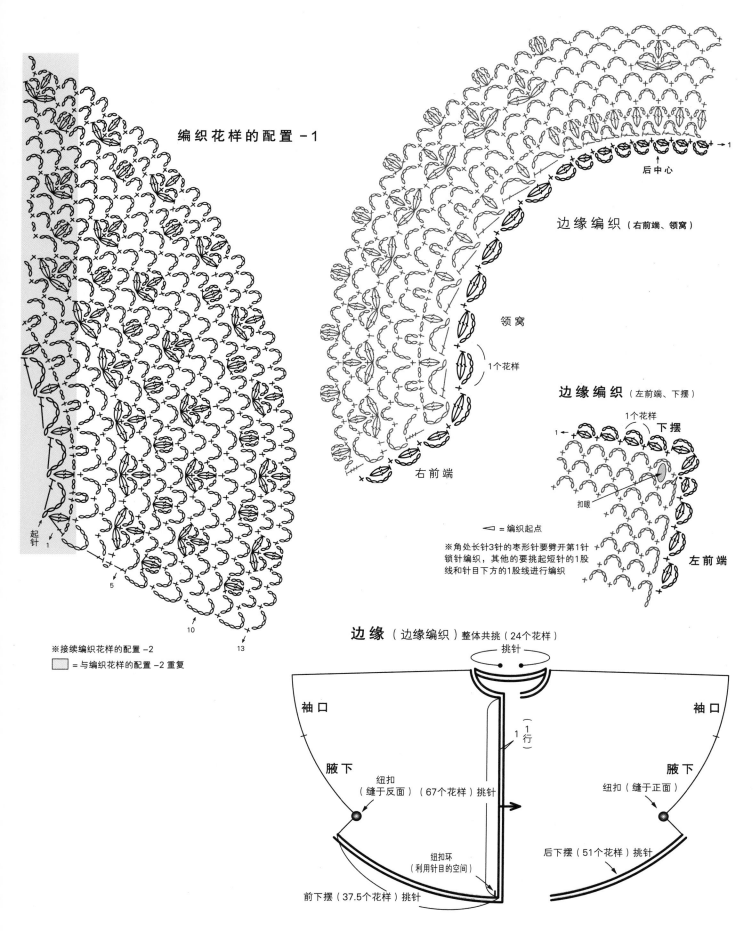

编织花样的配置－1

边缘编织（右前端、领窝）

后中心 →1

领窝

1个花样

右前端

边缘编织（左前端、下摆）

1个花样 下摆

1→

扣眼

左前端

◁ ＝编织起点

※角处长针3针的枣形针要劈开第1针锁针编织，其他的要挑起短针的1股线和针目下方的1股线进行编织

起针 1

5

10

13

※接续编织花样的配置－2

　＝与编织花样的配置－2重复

边缘（边缘编织）整体共挑（24个花样）

挑针

袖口

腋下

纽扣（缝于反面）（67个花样）挑针

纽扣环（利用针目的空间）

（1行）1行

前下摆（37.5个花样）挑针

后下摆（51个花样）挑针

纽扣（缝于正面）

腋下

袖口

★**材料和工具** 和麻纳卡线 灰色 120g/6团；直径 18mm 的纽扣 1 颗；钩针 4/0 号

★**完成尺寸** 胸围 88.5cm，肩背宽 33cm，身长 50cm

★**编织密度** 编织花样：边长 10cm 的方形内近 6.5 个花样 ×13.5 行

★**编织要点** **编织花样** 除边侧的立织以外，所有短针均整段挑起前 1 行的锁针编织。**身片** 挑起锁针的里山开始编织。袖窿、领窝处的减针分别参照各分解图。前身片参照分解图编织，连同圆弧处 5 针加针一起编

织锁针。在前下摆圆弧处的最终行和前领窝的第 1 行做织线标记。**组合** 肩部前后对上，织线穿过平均行的针目缝合。胁部处劈开边侧的针目钉缝。下摆、前端、领窝连续编织锁针 5 针和短针的边缘编织。袖窿处也编织边缘编织。左前身片的纽扣使用与织线同色系的缝线缝于编织花样的边侧。

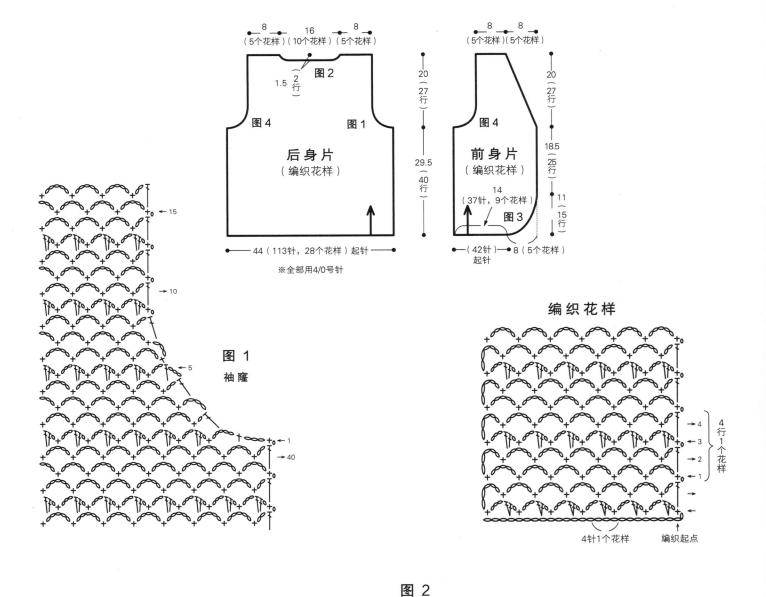

图 1 袖窿

后身片（编织花样）

前身片（编织花样）

编织花样

图 2 后领窝

※全部用4/0号针

98

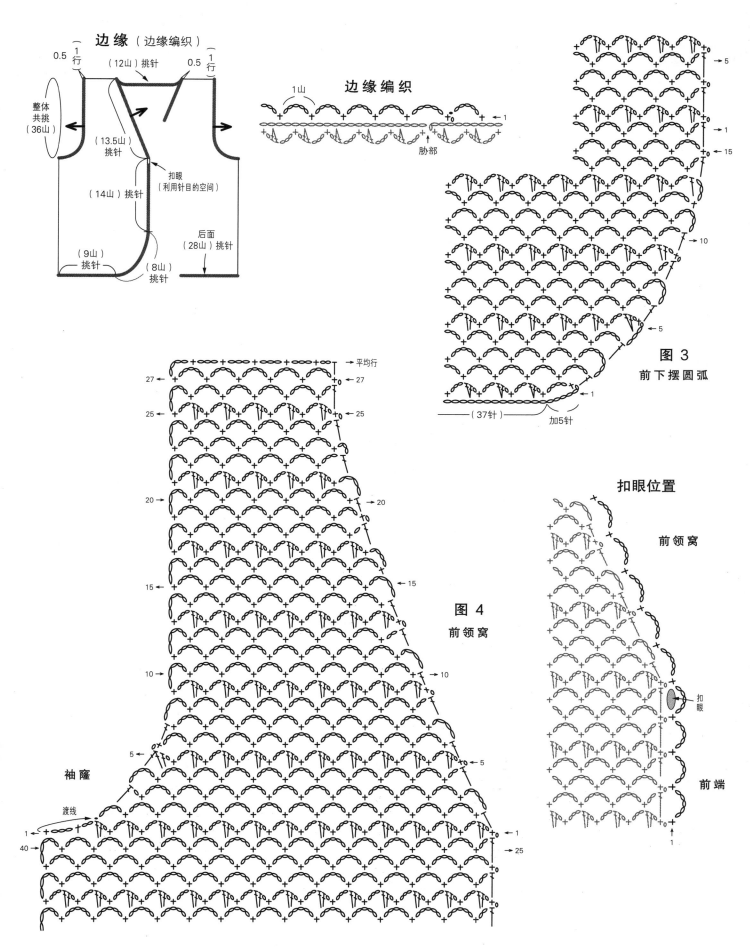

边缘（边缘编织）

0.5（1行）　（12山）挑针　　0.5（1行）

整体共挑（36山）

（13.5山）挑针

扣眼（利用针目的空间）

（14山）挑针

（9山）挑针　　（8山）挑针

后面（28山）挑针

1山

边缘编织

→1

胁部

图3
前下摆圆弧

→5

→1

→15

→10

→5

→1

（37针）　　加5针

图4
前领窝

27　　→平均行

→27

25　　→25

20　　→20

15　　→15

10　　→10

5　　→5

袖窿

渡线

1　　→1

40　　→25

扣眼位置

前领窝

扣眼

前端

1

＊材料和工具　和麻纳卡线　黑色140g/6团；钩针3/0号

＊完成尺寸　胸围92cm，肩背宽38cm，身长46cm

＊编织密度　编织花样A：边长10cm的方形内8个多花样×15行

＊编织要点　编织花样 始于B的第3行的长针编将钩针插入前1行的针目空隙并整段挑起。后身片 从起针的里山处挑针，袖窿、领窝参照各分解图。前身片 以与后身片相同的编织要领开始编织，下摆的圆弧、领窝的基点处做织线标记。组合 肩部前后正面朝内对齐，做锁针的引拔针拼缝。胁部做3针锁针、2针引拔针的锁针引拔针钉缝。袖窿处环形编织边缘编织。从下摆、前端、领窝的指定位置挑针环形编织短针，调整挑针。在后领窝和下摆处即便是源于同一针目的挑针，平均针数也不相同。前领窝从第8行开始平均挑15针。

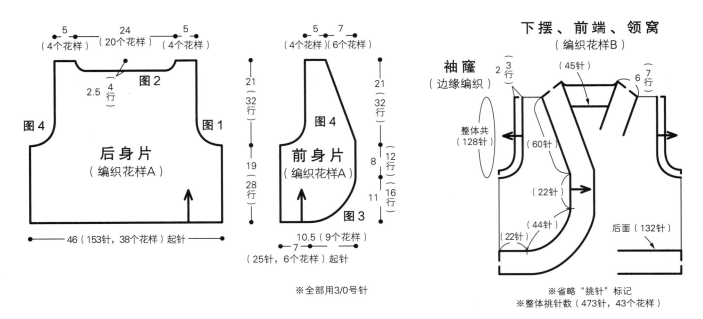

※全部用3/0号针

下摆、前端、领窝
（编织花样B）

※省略"挑针"标记
※整体挑针数（473针，43个花样）

编织花样 A

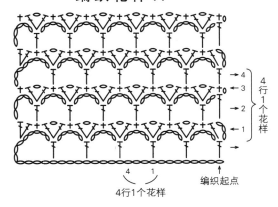

4行1个花样

边缘编织（袖窿）

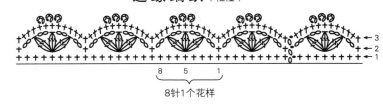

8针1个花样

编织花样 B

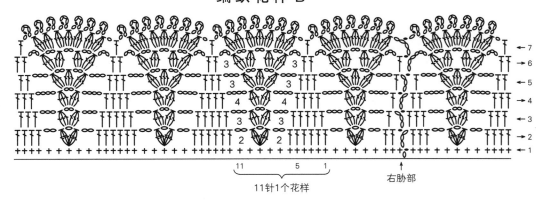

11针1个花样

右胁部

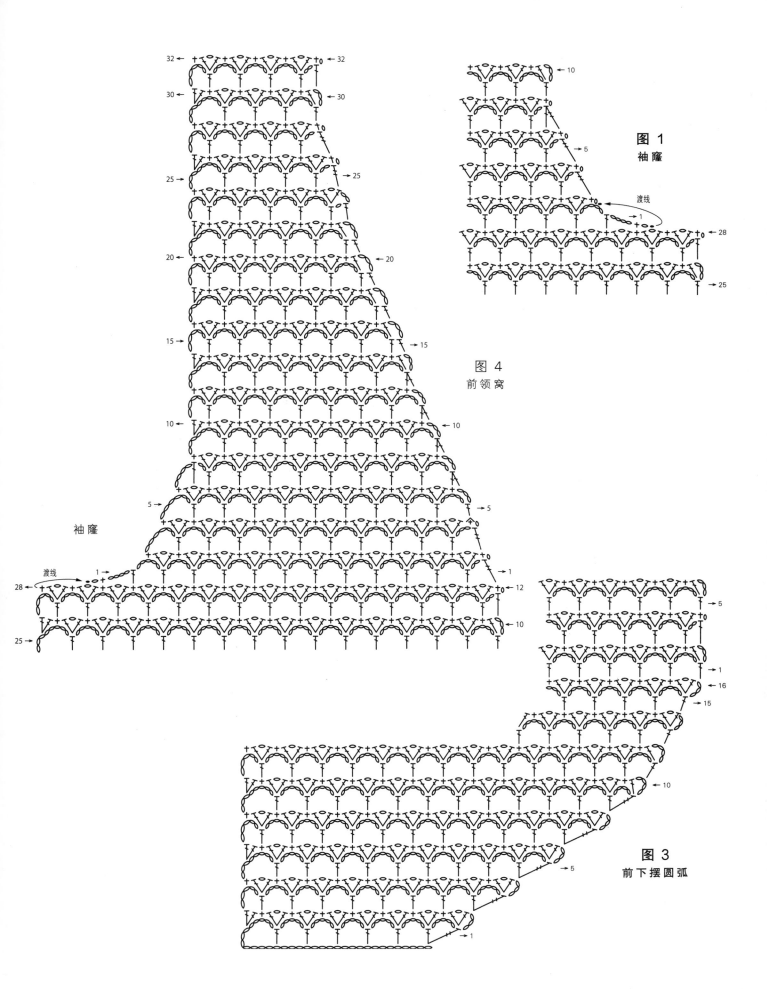

图 1
袖窿

渡线

图 4
前领窝

袖窿

渡线

图 3
前下摆圆弧

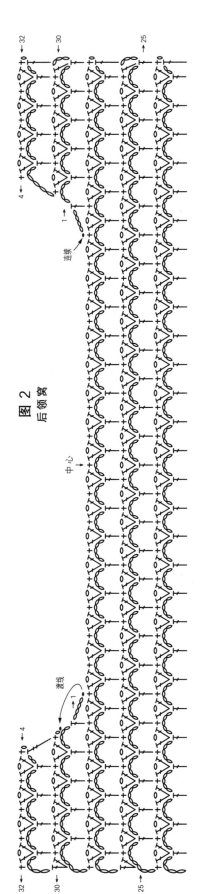

图 2
后领窝

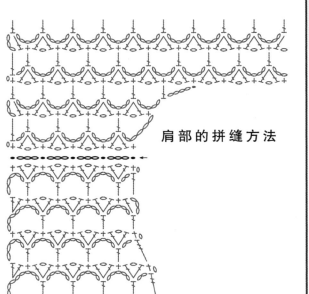

肩部的拼缝方法

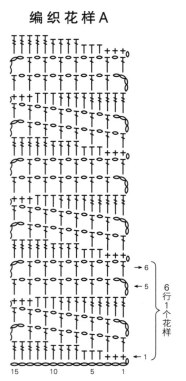

编织花样 A

6 行 1 个花样

接续 103 页 / 作品 26、27

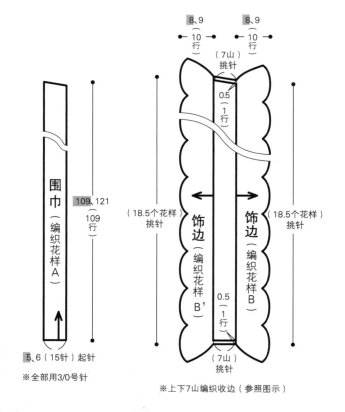

围巾（编织花样 A）

饰边（编织花样 B'）

饰边（编织花样 B）

5、6（15针）起针

※全部用3/0号针

※上下7山编织收边（参照图示）

※ ▨ 中的数字是作品26的尺寸，"、"之后的
数字是作品27的尺寸。作品26、27的针数、行数
相同

102

* **材料和工具** 和麻纳卡线 26 桃色系 70g/3 团，钩针 3/0 号；27 驼色 110g/5 团，钩针 3/0 号
* **完成尺寸** 26 宽 21cm，长 110cm；27 宽 24cm，长 122cm
* **编织密度** 26 编织花样 A：15 针 10 行，约 5cm×10cm；27 编织花样 A：15 针 9 行，约 6cm×10cm
* **编织要点** 26、27 的针数、行数相同。**编织花样** 在编织花样 A 的第 1 行和第 4 行变化针目的长度。**围巾** 从锁针起针的里山挑针开始编织。**饰边** 接续编织花样 A 在编织终点侧编织边缘编织，连续编织到编织花样 B。从编织行挑针，相对于编织花样 A 的 6 行，编织花样 B 是平均 1 个花样。在编织花样 A 的编织起点侧对着织片的背面，重新加线，连续编织边缘编织、编织花样 B' 后，做与编织花样 B 相同的编织。**组合** 蒸汽熨斗轻轻烫压平整。

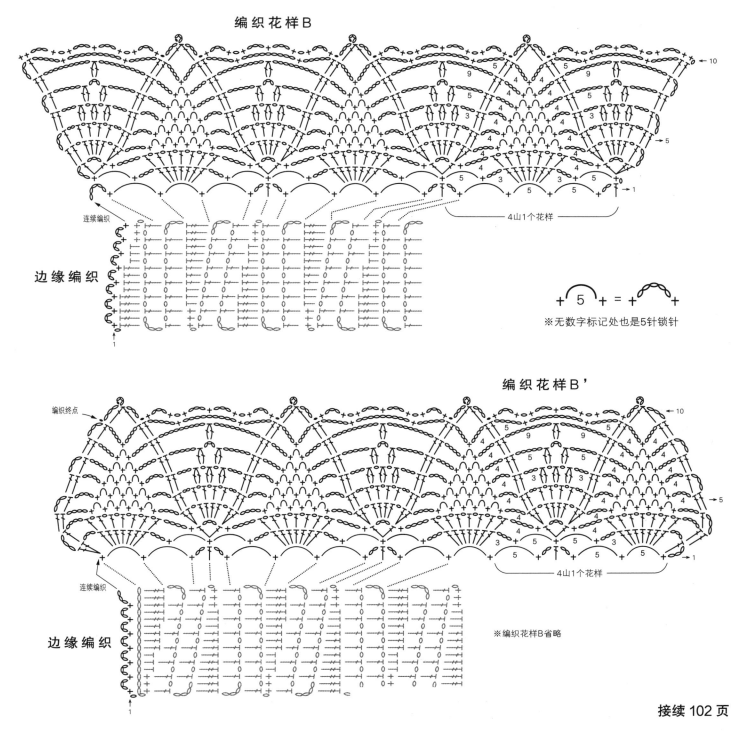

编织花样 B

边缘编织

连续编织

4山1个花样

$$+\underset{5}{\frown}+ \;=\; +\underset{}{\frown}+$$

※无数字标记处也是 5 针锁针

编织花样 B'

编织终点

边缘编织

连续编织

4山1个花样

※编织花样 B 省略

接续 102 页

HARUNATSU NO KAG IBARIAMI VOL.15（NV80320）
Copyright © NIHON VOGUE-SHA 2013 All rights reserved.
Photographers: HIRONORI HANDA DELTA.L
Original Japanese edition published in Japan by NIHON VOGUE CO., LTD.,
Simplified Chinese translation rights arranged with BEIJING BAOKU
INTERNATIONAL CULTURAL DEVELOPMENT Co., Ltd.

日本宝库社授权河南科学技术出版社在中国大陆独家出版发行本书中文简体字版本。
著作权合同登记号：图字16—2013—051

图书在版编目（CIP）数据

美丽的春夏钩编.2,阳光下的华美钩织/日本宝库社编著；于勇译. —郑州：河南科学技术出版社，2014.7
（2022.7重印）

ISBN 978-7-5349-7095-5

Ⅰ.①美… Ⅱ.①日… ②于… Ⅲ.①钩针-编织-图集 Ⅳ.①TS935.521-64

中国版本图书馆CIP数据核字（2014）第131610号

出版发行：河南科学技术出版社
      地址：郑州市郑东新区祥盛街27号   邮编：450016
      电话：（0371）65737028 65788613
      网址：www.hnstp.cn
策划编辑：刘 欣
责任编辑：梁莹莹
责任校对：柯 姣
封面设计：张 伟
责任印制：张艳芳
印　　刷：北京盛通印刷股份有限公司
经　　销：全国新华书店
开　　本：889 mm × 1194 mm　1/16　印张：6.5　字数：140千字
版　　次：2014年7月第1版　　2022年7月第2次印刷
定　　价：59.00元

如发现印、装质量问题，影响阅读，请与出版社联系并调换。